Ramavath Harilal

Gestão do potencial adequado em questões e estratégias de pecuária

Ramavath Harilal

Gestão do potencial adequado em questões e estratégias de pecuária

ScienciaScripts

Imprint

Any brand names and product names mentioned in this book are subject to trademark, brand or patent protection and are trademarks or registered trademarks of their respective holders. The use of brand names, product names, common names, trade names, product descriptions etc. even without a particular marking in this work is in no way to be construed to mean that such names may be regarded as unrestricted in respect of trademark and brand protection legislation and could thus be used by anyone.

Cover image: www.ingimage.com

This book is a translation from the original published under ISBN 978-620-2-02501-0.

Publisher:
Sciencia Scripts
is a trademark of
Dodo Books Indian Ocean Ltd. and OmniScriptum S.R.L publishing group

120 High Road, East Finchley, London, N2 9ED, United Kingdom
Str. Armeneasca 28/1, office 1, Chisinau MD-2012, Republic of Moldova, Europe
Printed at: see last page
ISBN: 978-620-7-75313-0

GESTÃO DO POTENCIAL ADEQUADO EM QUESTÕES E ESTRATÉGIAS NO DOMÍNIO DA PECUÁRIA

ÍNDICE DE CONTEÚDOS

CAPÍTULO 1
INTRODUÇÃO

1.1. Introdução

A Segunda Estratégia Nacional de Crescimento e Redução da Pobreza II dá continuidade aos compromissos assumidos pelo Governo e pelo país no sentido de acelerar o crescimento económico e combater a pobreza. É a sucessora da primeira Estratégia Nacional de Crescimento e Redução da Pobreza implementada de 2005 a 2012. pode ser enfatizado: em (i) priorização focada e mais nítida de intervenções - projetos e programas em setores-chave prioritários de crescimento e redução da pobreza; (ii) fortalecimento do planeamento baseado em evidências e alocação de recursos nas intervenções prioritárias; (iii) alinhamento dos planos estratégicos dos Ministérios, Departamentos e Agências (MDAs) e Autoridades Governamentais Locais (LGAs) a esta estratégia (iv) fortalecimento da capacidade de implementação do governo e nacional; (v) aumentar o papel e a participação do sector privado nos domínios prioritários do crescimento e da redução da pobreza; (vi) melhorar a capacidade dos recursos humanos, em termos de competências, conhecimentos e utilização eficaz; (vii) promover mudanças de mentalidade no sentido do trabalho árduo, do patriotismo e da autossuficiência; (viii) integrar as questões transversais nos processos dos MDA e das LGA; (ix) reforçar os sistemas de acompanhamento e de informação; e (x) melhorar a aplicação das reformas de base, incluindo a melhoria do sistema de gestão das finanças públicas.

O Crescimento é um quadro que visa reunir os esforços nacionais durante o período 2010/11 - 2014/15 para acelerar o crescimento com vista à redução da pobreza, através da prossecução de intervenções a favor dos pobres e da resolução dos estrangulamentos de implementação. Trata-se de um mecanismo a médio prazo para concretizar as aspirações da Visão de Desenvolvimento da Tanzânia 2025 (TDV 2025) e dos Objectivos de Desenvolvimento do Milénio (ODM) de transformar a Tanzânia num país de rendimento médio caracterizado por (i) meios de subsistência de elevada qualidade, (ii) paz, estabilidade e unidade, (iii) boa governação, (iv) uma sociedade instruída e que aprende, e (v) uma economia forte e competitiva. O programa traduz as aspirações da Visão 2025 e os ODM em resultados gerais mensuráveis, organizados em três grupos - Grupo I: Crescimento para a redução da pobreza; Grupo II: Melhoria da qualidade de vida e do bem-estar social; Grupo III: Governação e responsabilização. Além disso, o crescimento está ligado ao alinhamento dos seus planos estratégicos e ao desenvolvimento dos seus programas de ação prioritários, bem como ao seu custo. O cálculo pormenorizado dos custos das intervenções e do quadro de financiamento é efectuado no âmbito do plano de execução das acções em curso.

1.2. Contexto da política nacional

O compromisso de acelerar o crescimento económico e lutar contra a pobreza tem sido consistentemente implementado através de uma série de estratégias e planos que vão desde estratégias sectoriais específicas a estratégias multi-sectoriais. O Governo adoptou uma estratégia baseada nos resultados e nos ODM, a Estratégia Nacional para o Crescimento e a Redução da Pobreza, a fim de manter e intensificar os resultados alcançados, bem como de enfrentar os desafios que se colocam ao crescimento e à redução da pobreza.

A adoção de uma estratégia baseada em resultados implicou uma série de pré-requisitos na sua execução. Estes incluíam: -

(i)   reconhecimento da contribuição intersectorial para os resultados e das ligações e sinergias intersectoriais;

(ii)   ênfase na integração de questões transversais;

(iii)   integração dos ODM nas estratégias dos clusters;

(iv)   a adoção de um período de execução de cinco anos, a fim de dar tempo suficiente para a execução e o acompanhamento;

(v)   maior papel do sector privado, crescimento económico e boa governação;

(vi)   reconhecimento da necessidade de abordar as questões da vulnerabilidade, dos direitos humanos e da proteção social. Assim, o conteúdo foi alargado, dada a visão alargada da pobreza, que informa melhor a combinação de políticas e define um quadro claro para a participação/envolvimento efetivo das partes interessadas, em especial do sector privado, no crescimento económico. Como tal, a conceção do crescimento foi informada por esta mudança de paradigma. Embora o crescimento se baseie na estratégia anterior, está mais orientado para o crescimento e o aumento da produtividade, com um maior alinhamento das intervenções no sentido da criação de riqueza como forma de sair da pobreza. Esta orientação abre assim espaço para a reorientação das estratégias a médio prazo subsequentes.

1.3. Contexto económico externo: A economia da Tanzânia está a evoluir de acordo com a evolução do contexto mundial. A evolução das condições económicas mundiais, como o aumento dos preços do petróleo e dos produtos alimentares e a crise financeira e económica mundial, continuará a ter ramificações na economia da Tanzânia. Estes choques afectam a economia da Tanzânia através de vários canais, sendo o comércio (especialmente as exportações) e os fluxos financeiros (especialmente o investimento direto estrangeiro) os principais canais de transmissão. O abrandamento do crescimento e a redução dos fluxos financeiros e de capitais foram os resultados da primeira ronda de efeitos da crise. Os efeitos do aumento dos preços dos produtos alimentares e do petróleo reflectem-se no aumento das aquisições de terras em grande escala para a produção de biocombustíveis e de alimentos. Por muito que estes choques ameacem a economia da Tanzânia, também abrem várias oportunidades, por exemplo, em termos de aumento da procura de biocombustíveis e de produtos alimentares. Para além dos choques, a evolução das políticas a nível mundial e regional continuou a moldar a forma como a Tanzânia interage com outras economias. Existem oportunidades e, por vezes, limitações associadas à Organização Mundial do Comércio (OMC), aos Acordos de Parceria Económica (APE) e às políticas relacionadas com as alterações climáticas globais. O desenvolvimento do regionalismo, por exemplo, o Mercado Comum da África Oriental (EACM), a Comunidade para o Desenvolvimento da África Austral (SADC), o Ream do Oceano Índico (IOM) e as Iniciativas da Bacia do Nilo (NBI), também fazem parte das forças que continuarão a ter um impacto significativo na economia da Tanzânia. As oportunidades associadas a estes desenvolvimentos incluem a expansão do comércio, o desenvolvimento conjunto de infra-estruturas, bem como benefícios não económicos, como as iniciativas regionais de paz. Em geral, os efeitos destes desenvolvimentos no comércio, na circulação de mão de obra e de capitais serão um fator importante no desenvolvimento nacional a médio e longo prazo. Estes desenvolvimentos proporcionaram ensinamentos que serviram de base à posição estratégica.

1.4. Processos de revisão e consulta

O Governo e as partes interessadas decidiram proceder a uma revisão do sector pecuário com vista a desenvolver uma estratégia sucessora no final de 2008. A razão de ser da revisão radicava no facto de estar prevista a sua conclusão em 2009/10. Além disso, a evolução das realidades, em termos de oportunidades e desafios, tanto a nível interno como a nível mundial, exigia a revisão da Estratégia. A revisão e os processos subsequentes foram organizados em cinco fases, conforme resumido abaixo. Os pormenores do processo de revisão e das consultas às partes interessadas são apresentados num relatório separado.

i. **Fase preparatória:** o objetivo era estabelecer um consenso sobre os diferentes aspectos da revisão, incluindo o âmbito, a modalidade e as questões a rever, bem como a coordenação e a gestão de todo o processo. As principais partes interessadas nesta fase foram os funcionários governamentais da República Unida da Tanzânia e do Governo Revolucionário de Zanzibar (RGZ), os Parceiros de Desenvolvimento (PD) e os representantes das Organizações da Sociedade Civil (OSC). O processo foi operacionalizado através da Estrutura de Diálogo Nacional e da

Divisão do trabalho. O resultado da fase preparatória foram as Directrizes para a revisão e preparação do seu crescimento em termos de efectivos vivos

ii. **A fase de avaliação:** visava fornecer uma análise crítica e identificar as razões para a não realização ou a realização insuficiente dos objectivos. Assim, a avaliação centrou-se nos impactos sobre o desenvolvimento e na análise dos processos e da eficácia da execução. A fase de avaliação envolveu principalmente o processo de revisão das despesas públicas (PER) e consultores de várias instituições académicas e de investigação. Os principais resultados da fase de avaliação foram relatórios analíticos, que serviram de base para a redação do seu crescimento.

iii. *Fase de redação e de diálogo:* Esta fase envolveu a revisão da literatura, a redação e consultas limitadas. O resultado foi um esboço de estratégia e um quadro para a conceção, que foi partilhado com as principais partes interessadas e chegou-se a um consenso sobre a direção geral e estratégica.

iv. *Consultas às partes interessadas:* O processo de consulta sobre o projeto tomou em consideração as consultas aos intervenientes em curso e recentes no país sobre processos de desenvolvimento semelhantes. Em particular, o Mecanismo Africano de Avaliação pelos Pares (MAAP) e o Quadro Nacional de Proteção Social influenciaram muito a abordagem das consultas que envolveu duas fases, ou seja, consultas lideradas pelos intervenientes e consultas a nível nacional. Os objectivos destas consultas eram três: (i) identificar lacunas no projeto; (ii) aumentar a apropriação nacional das iniciativas de desenvolvimento; e (iii) reforçar as capacidades dos intervenientes nacionais. As principais partes interessadas envolvidas nas consultas foram os MDA, as LGA, as OSC, as instituições académicas e de investigação, os PD, a Associação dos Empregadores da Tanzânia (ATE) e o sector privado

1.5. Apresentação do documento

É apresentado em sete capítulos e um apêndice. O Capítulo II apresenta a situação da pobreza, os desafios e as oportunidades. O capítulo abrange as questões da pobreza monetária e do crescimento, da qualidade de vida e do bem-estar social, bem como da boa governação e da responsabilização. O Capítulo III descreve o quadro da Estratégia, incluindo os princípios e os fundamentos da Estratégia, a conceção e os critérios de definição de prioridades. O Capítulo IV descreve a Estratégia em pormenor, apresentando os resultados gerais, os objectivos, as metas operacionais e a ordem dos domínios prioritários e das estratégias de agrupamento. O Capítulo V apresenta pormenores sobre as modalidades de execução, incluindo uma abordagem multifásica para o processo de programação, orçamentação e execução. Os sistemas de controlo e avaliação são destacados no Capítulo VI. O Capítulo VII apresenta as projecções do quadro macroeconómico e as modalidades de financiamento da estratégia.

CAPÍTULO 2
PLANO DE DESENVOLVIMENTO PECUÁRIO E VISÃO DE CONJUNTO

O Governo da Etiópia elaborou recentemente uma série de políticas e estratégias agrícolas destinadas a criar e a permitir um ambiente propício aos investimentos no subsector, cujo principal objetivo é promover tecnologias baseadas na mão de obra e na capitalização da terra com vista à produção para os mercados nacional e internacional. Neste contexto, o Governo acredita que o desenvolvimento do sector agrícola servirá como catalisador do crescimento económico, podendo assim contribuir significativamente para alcançar a segurança alimentar, criar emprego e reduzir a pobreza a nível nacional e familiar. Neste contexto, a produção pecuária tem uma importância económica estratégica, não só devido ao seu número e diversidade, mas também porque a maioria da população rural mantém o gado como meio de subsistência ou utiliza-o para várias outras actividades, como a agricultura e o transporte de pessoas e produtos. O principal objetivo deste estudo é aumentar a contribuição da pecuária para a economia nacional e a segurança alimentar a nível nacional e familiar. Para que a produção pecuária contribua com todo o seu potencial para o crescimento económico nacional, é necessário que exista um quadro que oriente a operacionalização das políticas e estratégias e oriente os potenciais investidores no subsector da pecuária. O estudo do plano diretor para o desenvolvimento da pecuária foi concebido para desenvolver um conjunto abrangente de estratégias destinadas a abordar os principais constrangimentos que impedem a capacidade do país de tirar partido destas oportunidades e de aproveitar todo o potencial do subsector. Os objectivos principais incluem a preparação de um plano diretor abrangente para o desenvolvimento da pecuária, que abrangerá os subsectores dos lacticínios, da carne, dos couros e peles, da força de tração, dos ovos e da apicultura, para um horizonte de plano e um período de investimento de vinte anos. O estudo preparará subplanos directores para os subsectores da carne, dos lacticínios, da tração, da apicultura e dos couros e peles. O Estudo do Plano Diretor da Pecuária está a ser realizado pela GRM International em nome do Ministério da Agricultura e do Desenvolvimento Rural. O estudo envolve a recolha de dados e informações para a análise das investigações técnicas, biofísicas, institucionais, políticas, ambientais, económicas e sociais, a fim de

(i)   Preparar um plano diretor que contribua para o desenvolvimento sustentável e equitativo da indústria da pecuária e da apicultura e para a redução da pobreza no país, optimizando a utilização dos recursos financeiros, naturais, físicos, humanos e animais disponíveis, com o mínimo possível de consequências ambientais adversas; e,

(ii)   Formular e preparar pelo menos quatro projectos prioritários para financiamento futuro.

Estudo do Plano Diretor de Desenvolvimento Pecuário - Fase I

GRM Internacional página II

Este Relatório da Fase I documenta os primeiros sete meses de actividades que envolveram a revisão e análise de toda a informação e dados disponíveis sobre o subsector e temas intersectoriais. Durante este período, os consultores realizaram um inventário da base de recursos, examinaram e analisaram os diferentes sistemas de produção pecuária, os mercados, as intervenções/programas/projectos anteriores e em curso, as políticas de desenvolvimento, os regulamentos e as instituições, a situação socioeconómica do ambiente de produção, os constrangimentos de desenvolvimento e o potencial para a produção, transformação, comercialização e consumo de gado e produtos animais. Os projectos de relatório e a sua análise foram apresentados e discutidos com as partes interessadas no workshop de Adama em agosto de 2006 e posteriormente nas reuniões do comité diretivo do LDMPS. As observações e comentários mencionados durante o workshop foram considerados pelos consultores relevantes e os relatórios foram modificados em conformidade. Em seguida, um comité de revisão profissional analisou cada relatório no contexto dos comentários das partes interessadas. Cada um dos vinte relatórios aqui apresentados foi apreciado e avaliado pelos peritos do projeto

LDMPS, pelo pessoal profissional do MoARD, pelas partes interessadas (pessoal do Ministério, pessoal regional, instituições de investigação e organizações internacionais), assegurando assim que as preocupações levantadas foram devidamente abordadas. Uma consideração primária durante o estudo foi a participação contínua das partes interessadas através do uso de métodos participativos na análise da situação atual e na identificação de constrangimentos e oportunidades que emanam do estudo. O contacto com as partes interessadas envolveu visitas ao terreno, seminários, inquéritos e consultas regulares com beneficiários reais e potenciais, doadores e funcionários do governo e informadores-chave na indústria pecuária, a Fase I do estudo também resultou na criação de uma base de dados relacional abrangente como base para o trabalho de preparação do Plano Diretor da Fase II (CD anexado ao volume A). Esta base de dados informatizada contém informações sobre todos os aspectos da pecuária e recursos associados, a sua utilização e gestão. A tecnologia SIG fornece ferramentas analíticas e manipulativas que os planeadores e outros peritos podem utilizar para estudar a disponibilidade de recursos, para testar padrões alternativos de desenvolvimento e para articular estratégias cientificamente sólidas de desenvolvimento sustentável da pecuária.

Política e instituições:

Resumo executivo:

O projeto de política de desenvolvimento da pecuária visa aumentar a contribuição da pecuária para o desenvolvimento socioeconómico da Etiópia, com os seguintes objectivos específicos

* A consecução da autossuficiência alimentar em produtos de origem animal

* Aumentar o emprego e o rendimento

* Aumento da oferta de materiais industriais

* Aumento das receitas em moeda estrangeira

Os domínios políticos comuns a todos os subsectores da agricultura propriamente dita são agrupados em políticas transversais, que tratam da investigação, extensão, cooperativas, fornecimento de factores de produção, comercialização, crédito, investimento, tecnologia/tratamento pós-colheita, agroindústria, informação agrícola, género, alerta rápido, instalação e reforço das capacidades. Cada um tem as suas próprias estratégias. O objetivo económico ou de crescimento do país consiste em aumentar o nível do rendimento nacional real e procura produzir resultados coerentes com a sua vantagem comparativa no mercado internacional. Este objetivo deve ser alcançado em simultâneo com a conservação sustentável da base de recursos naturais, no interesse da eficiência económica e da sustentabilidade a longo prazo. Para o efeito, as políticas e estratégias de desenvolvimento têm como objetivo geral a transformação do sistema de produção pecuária de subsistência dos pequenos agricultores num sistema orientado para o mercado. O desenvolvimento dos critérios agro-ecológicos para uma diferenciação mais geográfica do país, que delineia diferentes zonas de oportunidades de crescimento com base nas suas potencialidades e vantagens comparativas, é uma estratégia excecionalmente importante para o subsector marginalizado da pecuária. Esta zonagem de oportunidades de crescimento permitirá que os serviços de apoio sejam adaptados à intensificação das actividades e produtos dentro de cada zona. O desenvolvimento das áreas pastoris através desta concentração em zonas geográficas é também um importante passo em frente que ajuda a evitar os esforços pacíficos e não participativos do passado. Os instrumentos de política concebidos para implementar estratégias e, em última análise, para atingir os objectivos estabelecidos, estão relacionados com o acesso aos recursos e aos serviços governamentais e incluem a terra, o crédito, a investigação, a extensão, a tecnologia, o fornecimento de factores de produção, a informação sobre o mercado, os conhecimentos e as competências.

As medidas específicas de apoio ao sector pecuário incluem a melhoria das raças, os serviços veterinários, as pastagens, a comercialização e a água. As principais medidas de apoio ao sector privado incluem a realização de estudos de mercado em indústrias/sectores-chave seleccionados e a prestação de serviços de formação e de extensão para o desenvolvimento das empresas. Outras funções do governo no apoio ao crescimento do sector privado incluirão a disponibilização de uma mão de obra instruída e qualificada através do sistema educativo, a melhoria das infra-estruturas, a garantia da disponibilidade de terras, a criação de um sector financeiro bem regulamentado, a manutenção da segurança e da estabilidade, o reforço das reformas da função pública e o reforço das capacidades. Na sequência de uma liberalização da política económica, foram privatizadas empresas públicas, tais como explorações agrícolas, curtumes, matadouros e fábricas de carne. A introdução de um código de investimento destinado a incentivar investimentos privados de maior escala favoreceu o crescimento de certos subsectores agrícolas, incluindo a transformação de produtos agrícolas, a engorda de gado e a produção de lacticínios. A importação, o comércio por grosso e a venda a retalho de medicamentos veterinários são inteiramente geridos pelo sector privado, tendo o Governo feito o primeiro esforço organizado para privatizar a prestação de serviços de saúde animal. No que se refere ao desenvolvimento das micro e pequenas empresas, o potencial da criação de animais, das aves de capoeira, da colheita de seda e da produção de mel é bem reconhecido. As agências federais e regionais de desenvolvimento das micro e pequenas empresas (MSEDA) estão a facilitar o seu desenvolvimento. O país segue um sistema de governo federal parlamentar com três estruturas básicas: o órgão legislativo, o órgão executivo e o órgão judicial. Nove estados regionais e duas administrações municipais (Adis Abeba e Dire Dawa) são autónomos na administração política e na gestão económica das respectivas regiões, sendo todos eles reunidos no governo federal. Existem três níveis de governo - o federal, o regional e o woreda. O Kebele é a estrutura administrativa mais pequena do woreda. Tanto o parlamento federal como o regional têm Comissões Permanentes (CPs) sectoriais, responsáveis pela supervisão das respectivas autoridades governamentais sectoriais. As comissões examinam os projectos de políticas, leis ou planos antes de serem aprovados pelo parlamento federal ou regional. Existem duas comissões permanentes relacionadas com a pecuária: a comissão da agricultura e do desenvolvimento rural e a comissão dos assuntos pastoris. As principais instituições federais responsáveis pelo desenvolvimento da pecuária são o Ministério Federal da Agricultura e do Desenvolvimento dos Recursos (MoARD) e os gabinetes regionais da agricultura e do desenvolvimento rural (BoARD). O MoARD tem três sub-sectores inter-relacionados e interdependentes ou departamentos centrais, cada um dirigido por Ministros de Estado. Os departamentos principais incluem os Recursos Naturais, o Desenvolvimento Agrícola e o Desenvolvimento Rural.

Marketing.

O desenvolvimento da pecuária é da responsabilidade de dois ministros de Estado e inclui o Centro Nacional de Inseminação Artificial, o Centro Nacional de Investigação e Controlo da Tripanossomíase, o Departamento de Desenvolvimento de Recursos Animais e Pesqueiros, o Departamento de Serviços de Saúde Animal e o Departamento de Extensão Agrícola e TVET. O Instituto Nacional de Veterinária autónomo, a Organização de Investigação Agrícola da Etiópia (Direção de Investigação em Ciência Animal) e o Centro Nacional de Investigação de Doenças de Saúde Animal são responsáveis perante o Ministro de Estado do Desenvolvimento Agrícola. O Departamento de Comercialização de Gado e Pescas (LFMD) e o Departamento de Fornecimento de Insumos Agrícolas (AISD) são responsáveis perante o Ministro de Estado da Comercialização Agrícola. Até há pouco tempo, o AISD tem-se dedicado principalmente a facilitar o fornecimento de fertilizantes e sementes, não se ocupando ainda dos factores de produção pecuária. As principais funções do Departamento de Desenvolvimento dos Recursos Animais e das Pescas consistem em formular políticas, estratégias e planos de desenvolvimento da pecuária, pacotes tecnológicos e prestar assistência técnica e formação de competências. O departamento tem equipas separadas que se ocupam do leite, da carne, da força de tração, do mel e da pesca.

O Departamento do Serviço de Saúde Animal tem como única função prestar e regulamentar os serviços veterinários do sector público federal, a fim de assegurar um serviço de saúde animal eficiente e fiável através da prevenção e do controlo eficazes das doenças animais, promovendo assim a exportação de gado e de produtos animais. O Departamento de Comercialização da Pecuária e das Pescas ocupa-se das estratégias, planos, informações sobre o mercado, normas, assistência técnica, formação, facilitação da parceria e do diálogo entre os sectores público e privado. O Centro Nacional de Inseminação Artificial (NAIC) é o organismo governamental responsável pelo melhoramento genético animal através da produção e distribuição de sémen, azoto líquido e serviço de touros. O Ministério, os Gabinetes e o Gabinete das Finanças e do Desenvolvimento Económico a nível federal, regional e dos woreda realizam o planeamento e a orçamentação. Outras instituições governamentais, que apoiam o desenvolvimento da pecuária através dos seus respectivos papéis de criação de ambientes propícios ao investimento e ao negócio; facilitando o desenvolvimento cooperativo e as facilidades de crédito; regulando a qualidade e as normas dos produtos e serviços; e promovendo as micro e pequenas empresas, incluem as agências federais e regionais de investimento; o Ministério e os gabinetes do comércio e da indústria; as comissões federais e regionais de cooperativas, a Autoridade Etíope de Qualidade e Normas, e o Ministério Federal e os gabinetes regionais de saúde. As disposições institucionais a nível regional e dos woreda são um reflexo das disposições federais. Na maior parte dos casos, existem, respetivamente, gabinetes e serviços de agricultura e desenvolvimento rural a nível regional e de woreda. O Departamento de Pecuária, o Departamento de Extensão e

O Departamento de Formação e o Gabinete de Comercialização e Insumos Agrícolas (em SNNP) ou departamento (em Tigray) estão sob a alçada do departamento principal da agricultura. A maior parte dos gabinetes regionais tem sucursais zonais e pretende reforçá-las (por exemplo, a região de Amhara), enquanto alguns (por exemplo, Tigray) não têm uma estrutura zonal. Os gabinetes regionais e os gabinetes woreda da agricultura são diretamente responsáveis pela produção e comercialização de gado nas suas respectivas áreas. O planeamento é um exercício de baixo para cima, do kebele ao woreda, às zonas e regiões. A cada nível, são os respectivos conselhos que tomam as decisões. Na maioria das regiões, o estatuto institucional da pecuária foi melhorado ou mantido a nível departamental (Tigray, Amahar e SNNP) e, muito recentemente, a nível de departamento principal em Oromya (maior ênfase). A comercialização agrícola e o fornecimento de factores de produção surgiram como um gabinete ou departamento separado nessas regiões. A extensão agrícola e a formação também constituem um departamento distinto e prestam serviços de extensão pecuária. A função do departamento de extensão agrícola limita-se à coordenação e à facilitação dos serviços de extensão e de formação, enquanto o pessoal do departamento de pecuária faz o trabalho efetivo, incluindo a preparação de pacotes tecnológicos, a formação e o acompanhamento. Não existe uma política global para o desenvolvimento da pecuária na qual se possam basear planos, estratégias e projectos. Faltam também orientações políticas para componentes específicas do desenvolvimento da pecuária, incluindo o controlo de doenças, o NAIC, o serviço de laboratórios veterinários, a privatização da prestação de serviços veterinários, etc. O ELDMPS deve concentrar-se, como atividade prioritária, no desenvolvimento de projectos de políticas para preencher estas lacunas e orientar as direcções gerais do plano diretor, de modo a que os recursos actuais possam ser desenvolvidos de forma sustentável e rentável.

CAPÍTULO 3
VISÃO GERAL

3.1 País Situação

A Etiópia tem uma superfície terrestre total de cerca de 111,5 milhões de hectares e uma população de mais de 68 milhões de pessoas, que está a crescer a uma taxa de 2,7% por ano. A Etiópia é um dos países mais populosos e mais pobres do mundo e o quadro seguinte apresenta um resumo das características indicativas da pobreza no país. O desempenho da economia etíope está fortemente dependente do sector agrícola, que contribui com cerca de 40 a 50% do PIB total, dependendo das estações do ano. Apesar da pobreza mais profunda e generalizada do país acima descrita, nos últimos três anos a economia registou desempenhos encorajadores, com um crescimento médio anual do PIB real de 5%. No entanto, devido às variações de desempenho do sector agrícola induzidas pelo clima, este crescimento foi volátil, com um crescimento real negativo do PIB de 3,8% em 2002/3 em resultado da seca, seguido de um forte desempenho positivo de 11,3% e 8,9% nos dois anos seguintes. Uma análise dos progressos e dos resultados alcançados durante o primeiro período do PDSR revelou um crescimento global de 5% registado na última década (1993 a 2003), o que resultou num crescimento médio per capita de aproximadamente 2,1% por ano. No entanto, este crescimento alcançado não contribuiu suficientemente para o nível de redução da pobreza previsto. Consequentemente, a pobreza de rendimentos continua generalizada, com cerca de 31 milhões de pessoas a viverem com o equivalente a 45 cêntimos de dólar por dia, e seis a treze milhões de pessoas continuam em risco de fome todos os anos. Em resumo, apesar das melhorias registadas nos últimos anos, a manutenção do crescimento a longo prazo e a redução da pobreza continuam a ser um desafio crucial para a economia etíope.

Estudo do Plano Diretor de Desenvolvimento Pecuário - Fase:
O fraco desempenho do crescimento económico global foi gravemente afetado pelo crescimento lento, volátil e mesmo decrescente do sector agrícola, do qual a pecuária faz parte. A contribuição da agricultura para o crescimento tem vindo a diminuir de uma média de 0,9%

por ano entre 1961 e 1992 para 0,3% entre 1992 e 2003 (PASDEP, 2005). A revisão do PASDEP sublinhou que as principais fontes de volatilidade do crescimento económico estão relacionadas com choques externos, tais como os seguintes:

* Termos de troca

* Previsibilidade dos fluxos de recursos externos

* Os caprichos da natureza

* Insegurança regional

A variabilidade da precipitação é uma consideração fundamental para explicar a volatilidade do crescimento económico, uma vez que uma grande proporção do PIB anual depende da agricultura de sequeiro. A variabilidade dos termos de troca e a inadequação das políticas e instituições foram também consideradas factores importantes que contribuem para o fraco desempenho agrícola e económico.

3.1 O sector agrícola

A Etiópia tem 18 zonas agro-ecológicas principais, adequadas a uma vasta gama de produção agrícola. Dois terços da superfície terrestre total são considerados utilizáveis para a agricultura (culturas, pastagens, florestas, etc.), dos quais as culturas anuais e perenes cobrem cerca de 16,5% e apenas 4,4% das terras cultivadas são irrigadas. A degradação e a erosão do solo são consideradas as principais causas da insegurança alimentar e da pobreza, sendo a principal causa identificada como a pressão humana e animal sobre a terra. As estatísticas que se seguem dão uma ideia das ocorrências de degradação na Etiópia:

1. Anualmente, estima-se que 150-200 mil hectares de terra são desflorestados, o que resultou no declínio da cobertura florestal do país, que passou de cerca de 40% em meados do século XX para os actuais menos de 3,6%.

2 . 1,5 - 2 mil milhões de toneladas de solo são erodidas anualmente (SPRP 2004 & PASDEP, 2005). Uma combinação de pressão demográfica e de uma proporção crescente de terras

marginais reduziu a dimensão média das terras agrícolas por agregado familiar nas terras altas do sul para menos de um quarto de hectare para 40% e menos de meio hectare para 60% dos agricultores (AEA, 2004/05). O sector agrícola é dominado por pequenos agricultores de subsistência, com poucos factores de produção e poucos rendimentos. Apesar do seu sistema agrícola tradicional, a pequena agricultura desempenha um papel significativo no desenvolvimento socioeconómico do país. Representa cerca de 95% do total das terras cultivadas, 90% da produção agrícola e 94% da produção de culturas alimentares (Plano Estratégico/MoARD 2004). O sector agrícola contribuiu com uma média de 42% do PIB do país durante a década até 2003, e mais de 50% em épocas produtivas. O subsector das culturas contribui com cerca de 60% do PIB agrícola total da Etiópia e com 65-75% das receitas em divisas. A agricultura é a principal fonte de rendimento e absorve cerca de 85% da população ativa. A taxa média de crescimento do sector agrícola é de aproximadamente 2,6%; contudo, esta taxa é sazonalmente volátil, com variações anuais de 12% a 18% negativos. Os principais constrangimentos e desafios institucionais que o sector agrícola enfrenta são os seguintes

• secas recorrentes

• ausência de políticas de desenvolvimento adequadas

• diminuição da dimensão das explorações agrícolas

• declínio da produtividade

• baixa disponibilidade, acesso e utilização de tecnologias de alto rendimento

• prevalência de pragas e doenças

• subdesenvolvimento dos sistemas de comercialização dos factores de produção e da produção

• acesso limitado ao crédito formal

• falta de investigação, extensão e formação orientadas

• instabilidade institucional e má governação

- baixo nível de poupança e de investimento e, por conseguinte, limitação de capital

- subdesenvolvimento das infra-estruturas de base

- síndroma de dependência do apoio externo (governo e doadores como motor do desenvolvimento).

3.2 O subsector da pecuária

3.2.1 Base de recursos, sistemas de produção e progresso atual

Uma estimativa recente (2006) efectuada pela CSA apresenta um resumo da população animal na Etiópia da seguinte forma:

40,28 milhões de bovinos

20,72 milhões de ovinos

16,25 milhões de caprinos

2,31 milhões de camelos &

mais de 32 milhões de aves de capoeira

Os sistemas de produção pecuária do país são amplamente classificados em duas áreas que são identificadas abaixo.

- Sistema misto de agricultura e pecuária nas terras altas

- Sistema de produção pastoril e agro-pastoril de terras baixas

A produção complementar de culturas agrícolas e pecuária ocorre na parte montanhosa do país, localizada a 1.500 metros acima do nível do mar ou mais. Estas terras altas cobrem cerca de 40% da área total do país e constituem aproximadamente 80% do total de gado bovino, 75% de ovinos e 25% de caprinos (Jobre, 2005). Do mesmo modo, a planície é uma área designada como as áreas abaixo do nível de 1.500 metros acima do nível do mar, e tem uma população de aproximadamente 10 milhões de pessoas. Os sistemas de produção de gado são a principal fonte de subsistência das comunidades pastoris e agro-pastoris. As zonas pastoris têm sido historicamente a fonte tradicional de exportação de animais; contudo, o comércio transfronteiriço de gado, mais lucrativo, ameaçou este comércio de exportação. Apesar dos recursos disponíveis, o desenvolvimento do sector pecuário da Etiópia mantém-se a um nível de subsistência, pelo que a sua contribuição para a economia nacional é reduzida. O sector da pecuária na Etiópia representa 16% do PIB nacional (e 27-30% do PIB agrícola) e 13% das receitas de exportação do país. O potencial anual de exportação de gado e de carne do país está atualmente estimado em 136 milhões de USD; no entanto, as receitas de exportação realizadas nos últimos quinze anos até 2003 foram, em média, de apenas 2,5 milhões de USD, o que é incomparavelmente baixo. Esta discrepância deve-se principalmente ao comércio transfronteiriço ilícito com os países vizinhos, cujo valor anual é estimado em mais de 100 milhões de dólares, e é considerado uma ameaça real para a economia do país. O comércio ilícito de exportação foi identificado como incluindo cerca de 325.800 bovinos, 1.150.000 cabras, 300.000 peles e 150.000 couros anualmente (EEA, 2005 & Jobre, 2005). Apesar das limitações identificadas acima, as áreas pastoris ainda contribuem com cerca de 20% dos animais de tração para as terras altas, e 90% da exportação legal de gado no país. Nos últimos cinco anos, em resposta ao potencial económico da exportação de carne e à política de liberalização do governo etíope, o número de matadouros autorizados para exportação aumentou para cinco, e a capacidade de abate anual atual e alargada varia entre 2,45 e 4,5 milhões de shoats. No entanto, a capacidade realizada por estes matadouros é muito baixa, entre 13 e 17%, sendo a disponibilidade de gado um fator limitativo importante. (Jobre (2005) citando Jemberu Eshetu, 2004) A produtividade do gado, a produção e o consumo per capita de produtos animais são baixos e inferiores aos dos países vizinhos da África Oriental. A produção nacional etíope de carne de bovino per capita (108,4 kg) é quase metade da dos países vizinhos - Sudão (130 kg) e Quénia (163 kg). Do mesmo modo, a produção de carne de ovino (10 kg), caprino (8 kg) e suíno (50 kg) é incomparavelmente inferior. Do mesmo modo, a produção nacional de leite de vaca per capita de 198,6 kg por lactação é muito baixa em comparação com 480 kg no Sudão e 703 kg no Quénia (AEA, 2004/05). Normalmente, a agricultura é definida como "cultura e pecuária" em vez de apenas culturas. Isto mostra que são consideradas actividades integradas, mas não separadas, no sistema de subsistência mais amplo. É claro que as culturas são os principais produtos do sistema de subsistência que as pessoas orientam as suas estratégias para produzir. Mas o gado é um contributo essencial para o sistema, tanto direta como indiretamente, para a agricultura e também para além da agricultura. A criação de gado 'lubrifica as rodas' do sistema mais alargado de meios de subsistência (Ashelay & Wilian, 2002). A criação de gado não se limita à contribuição relativamente limitada do rendimento. As pessoas criam gado devido às múltiplas contribuições que eles dão para os seus meios de subsistência. As funções mais comuns do gado são como mecanismo de poupança financeira, proporcionando segurança, acumulando activos, financiando investimentos planeados, mantendo o capital social, fornecendo produtos animais, tais como força de tração e estrume para as culturas, e carne e leite para consumo e mercado.

3.2.2 Oportunidades de desenvolvimento da pecuária

O subsector da pecuária continua a dispor de amplas oportunidades de desenvolvimento que podem ser melhoradas e expandidas, contribuindo assim para a redução da pobreza e para o crescimento. As principais oportunidades decorrem do seguinte:

• Base de recursos pecuários ampla e diversificada em todas as zonas agro-ecológicas

• Uma população humana crescente com uma tendência crescente de urbanização e rendimento

• Vantagem comparativa no tipo (sabor), localização (proximidade) e oferta sustentável para o lucrativo mercado de exportação de gado

• O enorme potencial de sinergia na agricultura e na economia em geral

• Maior possibilidade de desenvolvimento da produção leiteira das pequenas explorações orientada para o mercado

• Reforço das instituições indígenas e dos sistemas de conhecimento para a gestão dos bens comuns nas zonas pastoris

• A presença de um comité permanente para os assuntos pastorais a níveis superiores

Para além disso, prevê-se um aumento do comércio mundial de produtos de base pecuários, o que proporcionará novas oportunidades para a produção e comercialização de animais a baixo custo.

3.2.3 Principais obstáculos e desafios que impedem o desenvolvimento da pecuária

Apesar das oportunidades acima descritas, o desenvolvimento da pecuária na Etiópia é afetado por sistemas de produção e comercialização de subsistência com poucos factores de produção e poucos resultados. Os condicionalismos que contribuem para este baixo nível de desenvolvimento da pecuária são muito variados e são identificados como

• Natural (seca),

• Técnica (raça animal, saúde, alimentação, água)

• Tecnológico

• Infra-estruturas

• Financeiro

• Marketing,

• Desenvolvimento político e institucional

• Concorrência

Doença

Para além do acima exposto, a prevalência de doenças continua a ser uma questão importante, com repetidas proibições de importação de gado da Etiópia devido aos requisitos rigorosos em matéria de saúde animal impostos pelos países importadores. As doenças endémicas e epizoóticas causam mortalidade e redução da produtividade no sector pecuário, impedindo também a exportação de gado. O Departamento Federal de Saúde Animal indica que a cobertura atual dos tratamentos de saúde animal é de 40%; no entanto, esta cobertura é fortemente subsidiada pelos serviços de saúde animal numa base de recuperação parcial dos custos.

Escassez de alimentos para animais e de água

As pastagens naturais estão a diminuir gradualmente devido à expansão da área agrícola e, dependendo dos padrões de precipitação, os rendimentos anuais são altamente variáveis. A produção de alimentos para animais só cobre as necessidades dos animais em anos excecionalmente bons e existe um défice de 35% de alimentos para animais em anos médios bons e de 70% em anos maus. O problema dos alimentos para animais e da água é muito mais acentuado durante as crises de seca, e mais particularmente nas zonas pastoris. A disponibilidade de alimentos para animais e de água nas explorações agrícolas, nas estações de quarentena, ao longo das rotas comerciais de exportação e no porto de embarque está a tornar-se cada vez mais um desafio sério para o comércio de exportação de gado.

Sistema ineficiente de comercialização de gado

O sistema de produção animal de subsistência é caracterizado por pastores de gado dispersos por grandes áreas semi-áridas e pela ausência das seguintes características:

- Rotas de circulação e locais de mercado acessíveis

- Pecuária e normas de comercialização

- Inteligência de mercado (informação)

- Meios de transporte

- Informações exactas sobre o número de animais, a sua distribuição, a produtividade, a taxa de escoamento, etc. Exportação ilegal Como já foi referido, o fluxo anual ilegal de gado da Etiópia, em especial para o Djibuti, a Somália e o Quénia, é considerável. O gado é reexportado por estes países para países do Médio Oriente, como o Kuwait, a Arábia Saudita e os Emirados Árabes Unidos. A escassez de oferta para a exportação legal de gado, carne e miudezas da Etiópia é, portanto, causada por este condicionalismo comercial. Existem atualmente cinco matadouros de exportação privados em funcionamento. A oferta de gado e o nível mais elevado de investimento necessário para a criação de matadouros de exportação continuam a ser um dos principais factores limitativos do desenvolvimento de mais estabelecimentos e instalações. Além disso, as práticas regulamentares pesadas que exigem uma documentação extensa de 8 a 10 instituições governamentais diferentes em locais diferentes, combinadas com os elevados custos dos serviços para satisfazer os requisitos de exportação de gado e de carne, são também factores limitativos do desenvolvimento de matadouros de exportação.

Infra-estruturas inadequadas

As infra-estruturas, tais como rotas de transporte de gado, mercados, centros veterinários, centros e instalações de quarentena, áreas de exploração, matadouros e instalações portuárias, são insuficientes. O principal porto de exportação de Jibuti não dispõe de qualquer zona de exploração ou de repouso para os animais, desde a demolição das anteriores instalações de exploração. Por conseguinte, os animais de exportação são transferidos diretamente do camião para o navio. Esta situação dificulta os serviços de quarentena no porto e não permite assegurar o estatuto sanitário dos animais transportados.

Concorrência

A concorrência crescente no principal mercado etíope do Médio Oriente provém de concorrentes globais de baixo custo, como o Brasil e a Austrália. Estes e outros países exportadores desenvolveram e aceitaram o estatuto sanitário dos animais e sistemas de produção e comercialização de gado que não existem na Etiópia. Trata-se de uma limitação importante ao desenvolvimento dos mercados de exportação da Etiópia num ambiente competitivo que se centra na quarentena, no controlo das doenças e na segurança dos produtos.

A transformação da vantagem comparativa da Etiópia em matéria de exportação de gado numa vantagem competitiva constitui uma prioridade fundamental para o futuro.

Procedimento bancário

A exigência de operar através de carta de crédito (LC) não é aceitável para os importadores nos países do Médio Oriente devido ao custo; além disso, grande parte do comércio histórico tem sido realizado a crédito.

Barreiras comerciais

Os obstáculos pautais à importação de produtos pecuários etíopes incluem direitos aduaneiros e impostos sobre o valor dos produtos importados. Embora esta política proteja os produtores de gado locais, aumenta os preços dos produtos etíopes, tornando-os menos competitivos no mercado importador. Os obstáculos não pautais incluem as quotas de importação, os embargos, as taxas variáveis e as normas. No comércio de gado da Etiópia, o obstáculo não pautal mais importante é a doença animal, especialmente as epizootias. Das 17 doenças constantes da antiga lista A do OIE, 12 são endémicas em África e, por conseguinte, os países importadores recusam-se a importar de regiões onde essas doenças prevalecem

CAPÍTULO 4
SITUAÇÃO DA POBREZA, DESAFIOS E OPORTUNIDADES

4.1. Introdução

Este capítulo analisa o desempenho da economia em relação ao crescimento e à redução da pobreza, principalmente durante a implementação do crescimento em 2005 /06 - 2009/10. A análise está organizada em torno de três grupos, nomeadamente o crescimento e a redução da pobreza monetária, a qualidade de vida e o bem-estar social e a boa governação e responsabilização. Foram igualmente apresentados os aspectos relativos à execução, ao controlo e à avaliação, bem como ao financiamento.

4.2. Crescimento e redução da pobreza de rendimentos

4.2.1. Pobreza de rendimentos e desafios da distribuição do rendimento

A taxa de crescimento do PIB tem sido impressionante no passado recente. No entanto, a incidência da pobreza monetária não diminuiu significativamente. Como mostra o gráfico, em cada 100 tanzanianos, 36 eram pobres em 2000/01, contra 34 em 2007. A pobreza de rendimentos (necessidades básicas e pobreza alimentar) variava consoante as zonas geográficas, sendo as zonas rurais as mais afectadas. O crescimento rural, representado pelo crescimento do sector agrícola, foi de cerca de 4,5% em média. Quando este crescimento é comparado com a taxa de crescimento da população nacional de 2,9 por cento, a mudança no rendimento rural per capita torna-se pequena, perpetuando assim a pobreza nas zonas rurais. Embora tenham sido criados anualmente cerca de 630.000 novos postos de trabalho, sobretudo no sector informal, o desemprego continua a ser um problema, em especial entre os jovens. Em geral, a taxa de desemprego era mais elevada para as mulheres, cerca de 15,4%, em comparação com 14,3% para os jovens do sexo masculino (ILFS 2006)

Além disso, as mulheres constituíam apenas 24,7% dos trabalhadores remunerados. A elevada taxa de pobreza nas zonas rurais explica-se também pelo facto de a principal fonte de pobreza ser a agricultura. A erradicação da pobreza extrema e da fome (ODM1, "reduzir para metade, entre 1990 e 2015, a proporção de pessoas que sofrem de fome") tem ramificações importantes não só na pobreza e na fome em si mesmas, mas também noutros aspectos socioeconómicos, uma vez que as duas estão intrinsecamente interligadas. A fome não pesa apenas sobre o indivíduo, mas também impõe um fardo económico ao país. A pobreza alimentar ameaça o funcionamento humano básico. Como mostra o relatório, a pobreza alimentar é mais elevada nas zonas rurais, com 18,4 por cento em comparação com a média nacional de 16,6 por cento. O progresso na redução tem sido baixo, com (-) 2,0 por cento em comparação com a taxa nacional de 2,1 por cento. Dada a grande proporção de pobres nas zonas rurais que dependem da agricultura como seu principal sustento, a agricultura é fundamental para a redução da pobreza em geral e da fome/pobreza alimentar em particular.

4.2.2. *Padrões de crescimento Crescimento global do PIB e estrutura do PIB*:

O crescimento do PIB revela uma tendência ascendente, exceto em anos com choques como a crise alimentar, a crise energética e a crise económica e financeira mundial. Desde 2005, a taxa de crescimento anual do PIB da Tanzânia foi, em média, de 7%, o que está em conformidade com o objetivo de 6 a 8% por ano. Em 2009, o crescimento do PIB foi de 6,0%, diminuindo em parte devido à crise financeira mundial. O volume e os preços das exportações diminuíram, os fluxos de capital e de investimento flutuaram e o turismo e a procura de produtos turísticos também caíram. Estes efeitos agravaram a balança de pagamentos e exerceram uma pressão inflacionista sobre a economia. A gravidade do impacto da crise variou consoante os sectores. Sectores como o turismo, com maiores ligações ao mundo exterior, foram mais afectados. A estrutura da economia da Tanzânia em termos de composição do PIB alterou-se nos últimos anos. A parte da agricultura no PIB (Figura 2.1) diminuiu em relação aos serviços, à indústria e à construção. Os serviços constituem o principal sector da economia, pelo que o seu crescimento será fundamental para sustentar um maior crescimento económico.

Agricultura:

A agricultura continua a ser dominada por pequenos agricultores, com cerca de 70% da agricultura a depender da enxada manual, 20% da charrua e 10% dos tractores. Apesar disso, o sector foi identificado como um motor de crescimento. As diversas zonas climáticas oferecem potencial para muitas culturas, gado e produtos florestais, bem como água suficiente para irrigação e criação de gado, e uma grande dimensão de terra arável. Assim, dado o seu papel no apoio às populações rurais pobres e na redução da subnutrição, a agricultura tem potencial para tirar muitos dos pobres da pobreza. Além disso, o aumento da procura de alimentos nos países vizinhos proporciona novas oportunidades para a agricultura se expandir e aumentar as exportações para esses países. O crescimento lento da agricultura resultou de uma combinação de muitos factores. Estes incluem infra-estruturas deficientes de apoio à agricultura, serviços de extensão inadequados, tecnologia de produção deficiente, baixo valor acrescentado, falta de mecanismos de financiamento adequados para a agricultura, mercados pouco fiáveis, preços injustos e não competitivos à saída da exploração e degradação ambiental.

Sector das pescas:

O sector das pescas manteve um crescimento modesto, atingindo 5% em 2008, antes de diminuir para 2,7% em 2009. A Tanzânia possui um imenso potencial de recursos pesqueiros, tanto em águas doces como marinhas, que, se utilizados de forma sustentável, podem contribuir para melhorar os meios de subsistência, incluindo a nutrição. O principal desafio que este sector enfrenta é a pesca ilegal e o tráfico de peixe e produtos da pesca através das fronteiras, reduzindo assim a contribuição do sector para o crescimento e a redução da pobreza. Outros desafios incluem a utilização de artes de pesca inadequadas pelos pescadores de pequena e média escala, a degradação dos recursos de crédito limitado e as elevadas perdas após a pesca.

Sector da indústria transformadora:

O desenvolvimento do sector transformador é parte integrante da transformação industrial para facilitar o crescimento e a criação de emprego. As ligações para a frente e para trás do sector são fundamentais para facilitar o desempenho de outros sectores. O sector tem um grande potencial para impulsionar o crescimento e o emprego. No entanto, o sector é limitado pelo elevado custo das actividades comerciais e pelos entraves burocráticos e em matéria de infra-estruturas, principalmente devido à falta de fiabilidade do abastecimento de energia eléctrica e de água, à ineficácia das redes de transporte e de outras infra-estruturas das tecnologias da informação e da comunicação (TIC), bem como à exiguidade do mercado interno, à intensa concorrência das importações e à insuficiência das exportações.

***Sector mineral*:**

A Tanzânia possui grandes jazidas de ouro, diamantes, tanzanite, rubi, estanho, cobre, níquel, ferro, fosfato, gesso, carvão, gás natural, urânio e petróleo. O sector mineiro é um sector de grande e pequena escala, ambos com potencial. Antes de 2007, o sector crescia cerca de 15% ao ano, tendo caído para 2,5% em 2008 e para 1,2% em 2009 devido ao declínio da exportação de diamantes e da produção de ouro. A grande flutuação do crescimento é o desafio que o sector enfrenta. Outros desafios incluem ligações fracas entre o sector e as cadeias de abastecimento locais, baixo valor acrescentado interno; efeitos multiplicadores limitados e criação de emprego; conflitos relacionados com o ambiente; e capacidades técnicas e institucionais para uma gestão eficaz do sector. No entanto, os vastos depósitos minerais do país apontam para um elevado potencial de contribuição do sector para o crescimento e a transformação socioeconómica. O sector foi identificado como um motor de crescimento.

Utilização do solo:

A Tanzânia possui terras abundantes adequadas a várias actividades económicas e à fixação de pessoas. A procura de terras para culturas agrícolas, criação de gado e assentamentos tem vindo a aumentar. A urbanização está a crescer cada vez mais, a uma taxa de cerca de 6% ao ano. A maior parte da terra não está pesquisada e não está desenvolvida, o que invariavelmente leva a conflitos sobre a utilização da terra. Para uma utilização óptima da terra, a participação do sector privado no desenvolvimento da terra (levantamento topográfico, zonagem, etc.) é muito importante. Esta participação fornecerá meios para capacitar as pessoas e reforçar as capacidades do governo para a futura geração de receitas a partir da terra e apoiar um maior crescimento. Esta medida também aumentará os recursos disponíveis para acelerar o investimento de base no sector fundiário (um sector importante para todos os sectores) através de iniciativas de parceria público-privada.

Sector do turismo:

A Tanzânia possui algumas das melhores atracções turísticas do mundo, nomeadamente montanhas e reservas de caça, famosas pelas expedições de trekking. Estas atracções têm potencial para expandir o crescimento do sector, em particular, e da economia em geral. O sector dos animais vivos é largamente dependente de estrangeiros, o que o torna mais vulnerável a desenvolvimentos adversos globais. Em 2009, por exemplo, o crescimento do sector diminuiu para 4,4%, contra 4,5% em 2008. O sector também enfrenta outros constrangimentos, tais como a insuficiência de competências técnicas, de gestão e empresariais para uma indústria moderna, estrangulamentos nas infra-estruturas e serviços de apoio ao turismo deficientes (saúde, finanças, seguros, TIC, etc.). Estas limitações resultaram na subutilização de todo o potencial do sector. A resolução destes condicionalismos conduzirá à expansão não só do turismo baseado nos recursos naturais, mas também do turismo cultural,

turismo desportivo e turismo de conferências/convenções. As estruturas institucionais que lidam com este sector devem ser revistas e reforçadas.

Desenvolvimento das infra-estruturas:

Registaram-se melhorias modestas nas infra-estruturas relacionadas com o crescimento, como as estradas, os portos (marítimos e aéreos) e a energia, mas poucos progressos no subsector ferroviário. A percentagem de estradas em condições razoáveis e boas aumentou desde 2005, mas o tempo necessário para descarregar a carga nos portos diminuiu. A capacidade instalada de produção de energia aumentou, mas não acompanhou o crescimento da procura. É necessário resolver alguns desafios, nomeadamente os cortes de energia frequentes, o congestionamento dos portos e as más condições das estradas rurais. A Tanzânia pode ser o centro regional de transportes, comércio e logística, dada a sua localização geográfica vantajosa, se esses desafios forem resolvidos. Outros desafios incluem o congestionamento nas cidades, os elevados custos de construção, as alterações climáticas (que conduzem à destruição das infra-estruturas e ao seu tempo de vida), bem como questões ambientais nos estaleiros de construção. A nível local, o desenvolvimento de infra-estruturas de pequena escala tem sido facilitado pela participação da comunidade na construção de pequenas barragens, pontes, etc., através de vários programas como o TASAF. Um dos desafios que se colocam é o de aumentar a escala destas iniciativas comunitárias.

4.2.3. Gestão Macroeconómica

A gestão macroeconómica foi orientada para a melhoria da gestão das finanças públicas, mantendo as despesas em conformidade com as prioridades de desenvolvimento nacional e as limitações de recursos, e instituindo uma política monetária de apoio para garantir a estabilidade macroeconómica. A estabilidade macroeconómica foi mantida, apesar de vários choques externos e internos.

Inflação:

A taxa de inflação, que tinha descido para pouco menos de 5% durante os primeiros anos de 2000, começou a subir gradualmente em 2005 e manteve uma tendência ascendente, atingindo 12,1% em dezembro de 2009. Esta subida deveu-se à escassez de alimentos provocada pela seca na Tanzânia e nos países vizinhos; a cortes no fornecimento de eletricidade, que aumentaram os custos de produção, uma vez que os produtores passaram a utilizar geradores; e a aumentos dos preços do petróleo, que fizeram subir a fatura das importações e os custos de produção. No entanto, embora os objectivos em matéria de inflação não tenham sido atingidos, a economia registou um crescimento elevado e sustentado e uma maior mobilização de receitas.

Crédito ao sector privado:

O rácio do crédito interno ao sector privado aumentou de 4,6% em 2001 para 13,8% em 2007. No entanto, este rácio ainda é relativamente pequeno em relação à procura, especialmente nos sectores da indústria transformadora e da agricultura.

Investimentos directos estrangeiros (IDE):

O valor dos IDE tem vindo a aumentar desde 2005, atingindo uma média anual de 603 milhões de dólares. A maior parte dos fluxos de IDE destinou-se ao sector mineiro e ao turismo. Os IDE foram também afectados pelo baixo nível de desenvolvimento dos recursos humanos locais, em termos de qualidade e de competências para servir em empresas mais sofisticadas. A melhoria do capital humano e do ambiente empresarial pode libertar o potencial de investimento em todos os sectores.

Saldo externo:

Desde 2005, a taxa de câmbio tem flutuado, com efeitos negativos sobre a fatura das importações, as reservas oficiais e a estabilidade macroeconómica. A fatura das importações tem vindo a aumentar mais rapidamente do que as receitas das exportações, provocando assim um aumento do défice comercial. A proporção das exportações em percentagem do PIB variou entre 21,7% e 23,1%, sustentada principalmente pelo aumento das exportações de produtos de base não tradicionais, em grande parte minerais, e por um ligeiro aumento das exportações de produtos manufacturados. O rápido aumento do preço do ouro, que representa uma parte considerável das exportações não tradicionais, foi em grande parte impulsionado pela crise financeira mundial e, por conseguinte, é provável que seja de curta duração. Do mesmo modo, o declínio da produção de ouro assinala o perigo de se depender fortemente de um único produto. Ao contrário do ouro, outros bens e serviços de exportação importantes foram afectados negativamente pela crise financeira mundial.

4.3. Qualidade de vida e bem-estar social

A implementação das intervenções I no Cluster II centrou-se na obtenção de dois resultados gerais, nomeadamente: (i) melhoria da qualidade de vida e do bem-estar social, em especial dos grupos mais pobres e vulneráveis da população; e (ii) redução das desigualdades, por exemplo, na educação, na sobrevivência e na saúde, entre áreas geográficas, rendimentos, idade, género e outros atributos. Para esse efeito, as intervenções registaram melhorias consideráveis na prestação de serviços sociais - nomeadamente nos domínios da educação, da saúde, da água, do saneamento e da proteção social. Os investimentos na educação e na saúde no passado recente permitiram que a Tanzânia registasse melhorias na classificação do Índice de Desenvolvimento Humano (IDH), passando da posição 163 em 2000 para 151 em 2009, passando assim do grupo de países com baixo desenvolvimento humano para o grupo de desenvolvimento humano médio.

4.3.1. *Educação*

As intervenções no sector da educação foram orientadas principalmente pela política de educação e formação e pelo programa de desenvolvimento do sector da educação, através do programa de desenvolvimento do ensino primário, do programa de desenvolvimento do ensino secundário, do programa de desenvolvimento do ensino superior, do programa de desenvolvimento do ensino popular, da estratégia de educação de adultos e não formal, da estratégia de desenvolvimento e gestão dos professores, da lei do ensino profissional, da política de ensino e formação técnica e da política do ensino superior. O Governo também implementou programas intersectoriais como o TASAF. O principal resultado foi o aumento do acesso ao ensino a todos os níveis. O rápido aumento do número de matrículas também deu origem a desafios em termos de qualidade, devido à sobrecarga das infra-estruturas educativas e da capacidade dos recursos humanos. A desigualdade na afetação dos recursos constituiu um desafio para o ensino primário. Os professores foram distribuídos de forma desigual, tanto a nível inter-regional como intra-regional e distrital. As escolas das zonas remotas e de difícil acesso tinham menos professores do que as escolas dos centros urbanos. Outros desafios incluíam taxas de transição para o ensino secundário baixas, embora em melhoria, e uma elevada taxa de abandono escolar. Embora a taxa de matrícula das raparigas no ensino secundário fosse semelhante à dos rapazes, as taxas de abandono escolar eram mais elevadas para as raparigas. Consequentemente, observa-se uma clara disparidade de género nas matrículas durante os últimos anos do ensino secundário normal e do nível avançado. O abandono devido à gravidez foi especialmente preocupante, tendo aumentado de 6,5% em 2006 para 10,3% em 2008, entre os motivos de abandono. Os desafios da qualidade no ensino secundário reflectem-se na diminuição das taxas de aprovação nos níveis ordinário e avançado, que passaram de 89,1% em 2006 para 83,7% em 2008 e de 96,3% em 2006 para 89,6% em 2009, respetivamente, devido às más infra-estruturas gerais e à falta de professores nos níveis ordinário e avançado do ensino secundário. As variações entre disciplinas também foram elevadas, especialmente entre ciências e matemática e não ciências/matemática. A taxa de aprovação nas disciplinas científicas foi mais baixa. Este facto deve-se, em grande medida, à falta de professores de qualidade nas disciplinas de matemática e de ciências, bem como a instalações inadequadas, como laboratórios e acessórios conexos. Os jogos e os desportos, que fazem parte da educação física, não receberam apoio suficiente. Também se registaram progressos consideráveis na implementação de programas de educação de adultos e de educação não formal no âmbito da estratégia de educação de adultos e de educação não formal (AE-NFE). Desde 2005, cerca de meio milhão de crianças e jovens não escolarizados receberam formação através dos programas COBET. As inscrições de alunos do ICBAE aumentaram de 675.000 em 2005 para 957.289 em 2009. Do mesmo modo, as inscrições no ensino aberto e à distância (EAD) aumentaram de 6 782 em 2005 para 38 036 em 2009. Apesar destes resultados, a taxa de analfabetismo dos adultos aumentou de 28% em 2005 para 31% em 2009. Cerca de 19,1 por cento das mulheres com idades compreendidas entre os 15 e os 49 anos não tinham educação formal (DHS 2010) em comparação com 9,5 por cento dos homens. O ligeiro aumento do analfabetismo deveu-se principalmente à falta de sensibilização para a importância da educação em algumas comunidades. A inspeção escolar nos níveis pré-primário, primário e secundário é uma área crucial para monitorizar os insumos, os processos e os resultados de aprendizagem nas escolas. Os serviços de inspeção foram reduzidos a menos de 25% do objetivo fixado devido, em parte, à falta de recursos adequados. Esta situação reforçou a desigualdade: as escolas que necessitavam de uma inspeção regular e de apoio em zonas "difíceis de alcançar" foram menos supervisionadas. Registou-se um aumento significativo das matrículas nas escolas de formação de professores, no ensino superior e no ensino e formação técnico-profissional, devido ao aumento do número de instituições públicas e privadas. Tal como noutros níveis de ensino, o aumento das matrículas nos estabelecimentos públicos de ensino superior sobrecarregou os recursos disponíveis, podendo comprometer a qualidade. O ensino e a formação técnicos e profissionais receberam uma parte decrescente do financiamento público, apesar do aumento do número de inscrições e do papel fundamental que desempenham no desenvolvimento dos recursos humanos e no crescimento económico. Em consequência, a maioria dos jovens ficou para trás, com poucas competências de base e reduzida empregabilidade. O acompanhamento e a avaliação do ensino e da formação técnicos e profissionais estavam menos desenvolvidos do que noutros níveis de ensino. O desequilíbrio entre os géneros a nível do ensino pós-secundário continuou a ser um desafio. Em 2008/09, por exemplo, as mulheres representavam apenas 32,1% do total de matrículas nas universidades e institutos universitários públicos, em comparação com 32,2% em 2006. A baixa taxa de participação das mulheres no ensino superior priva as mulheres em termos de nível e natureza da sua participação nos processos de tomada de decisão.

4.4. Políticas e estratégias relacionadas com a pecuária

Como já foi referido, o subsector da pecuária da Etiópia, mesmo em anos de boa produção, não consegue satisfazer as necessidades alimentares básicas da população, e muito menos produzir riqueza suficiente para o desenvolvimento da economia nacional. Este problema resulta, em parte, de condicionalismos climáticos; no entanto, resulta geralmente da ausência de políticas e estratégias inadequadas no sector agrícola em geral, e no subsector da pecuária em particular. Até há pouco tempo, não existia qualquer política ou estratégia específica para o sector pecuário implementada pelo Governo. Pelo contrário, as políticas económicas gerais no passado, e mesmo no presente, tendiam a influenciar o funcionamento do subsector da pecuária. Por conseguinte, são feitas tentativas para rever e analisar as políticas e estratégias disponíveis em cada regime governamental.

4.4.1. O regime imperial

A institucionalização do desenvolvimento da agricultura (e da pecuária) no país começou quando o governo da Etiópia começou a organizar as suas funções estatais em sectores, por volta do início do século. Nos anos 30 e 40, o desenvolvimento dos lacticínios recebeu a atenção e o apoio do governo, com o objetivo político de responder à crescente procura de leite por parte da população da cidade de Adis Abeba. Após a Segunda Guerra Mundial, mais de 300 raças leiteiras exóticas foram introduzidas no país através do Plano Marshal dos EUA, que visava ajudar os países afectados pela guerra. A maioria das raças foi distribuída e gerida por altos funcionários do governo e indivíduos proeminentes. A Shola Dairy Enterprise (SDE) foi criada para gerir as restantes raças. A empresa foi considerada o modelo de exploração leiteira, pelo que alargou o seu alcance (explorações leiteiras e centros de recolha de leite) aos agricultores de Adis Abeba e arredores. Este período marcou o desenvolvimento de uma produção leiteira moderna e de serviços de extensão leiteira aos agricultores. Com o objetivo de produzir a mão de obra qualificada necessária à modernização da agricultura, foram abertas três instituições: Escolas Secundárias Agrícolas de Ambo e Jima e Colégio Agrícola de Alemaya. Estas constituíram explorações leiteiras para servir de demonstração e investigação, bem como para fornecer leite às comunidades universitárias. A maior promoção de explorações leiteiras modernas junto dos pequenos agricultores foi levada a cabo pelos Programas de Desenvolvimento Rural Integrado da CADU em 1967 e da WADU em 1970. O desenvolvimento da produção leiteira foi uma das principais funções desses programas e constituiu componentes essenciais como o melhoramento das raças leiteiras (através do acasalamento natural e da IA), o desenvolvimento de forragens e a saúde animal, e o desenvolvimento de centros de recolha e processamento de leite. Ambos os programas foram bem sucedidos na promoção da produção pecuária moderna, em particular a produção de leite nessa áreas. Apesar dos impactos positivos causados pelo pacote abrangente dos dois programas, a expansão para outras partes do país foi difícil devido ao uso intensivo de insumos e às altas exigências de qualificação dos programas. Como resultado, foi efectuada uma revisão das políticas e dos projectos de extensão e o Programa de Pacote Mínimo (MPP) resultante foi implementado de 1968 a 1974. O MPP tinha como objetivo chegar a um grande número de pequenos agricultores e, assim, provocar a transformação da agricultura. A melhoria da criação de animais foi uma das várias tecnologias e técnicas introduzidas e promovidas durante esse período. De acordo com a AEA (2005), a "abordagem não foi bem sucedida porque não considerou as experiências do camponês e a estrutura da propriedade; baseou-se no fornecimento de insumos modernos, particularmente fertilizantes". As estratégias de desenvolvimento e as políticas económicas foram introduzidas desde o início de um processo formal de planeamento agrícola em 1957. As políticas agrícolas da Etiópia durante o regime imperial eram orientadas para o exterior, com os doadores externos a influenciarem as políticas, os objectivos e as prioridades. A ideia de modernização e prosperidade e a necessidade de investimento em empresas de grande dimensão dominaram a orientação e o pensamento dos anos 50 e 60. Durante esse período, a agricultura camponesa tinha recebido menos atenção e apoio. Mesmo todos os programas de desenvolvimento da WADU, CADU e outros estavam concentrados em alguns locais de potencial agrícola com maior intensificação (AEA, 2004/5). Em resumo, apesar de não ter havido uma política e uma estratégia articuladas para a pecuária, a intenção do governo reflectiu-se nos seus programas. Geralmente, estes programas eram localizados, de capital intensivo e não conseguiam chegar aos pequenos agricultores em geral. Até à mudança de governo em 1976, a política de desenvolvimento dos lacticínios limitava-se a satisfazer a crescente procura de leite pelos residentes de Adis Abeba, através da expansão de modernas explorações leiteiras privadas em Adis Abeba e arredores. As tentativas de melhorar o rendimento e o bem-estar dos camponeses foram muito limitadas.

4.4.2. O Regime Dreg (1974 - 1991)

Como resultado da mudança de governo, algumas das explorações agrícolas privadas foram enfraquecidas, enquanto outras foram nacionalizadas. A extensão agrícola foi reorientada dos agricultores individuais para as cooperativas. Durante o período 1986-1992, foi implementado o projeto de desenvolvimento do sector leiteiro, que abrangeu 10 regiões administrativas e se centrou na criação de cooperativas leiteiras e no reforço das explorações leiteiras estatais. Conforme analisado pela AEA (2004/5), a política económica do regime de Derg favoreceu as explorações agrícolas estatais mecanizadas e as explorações agrícolas colectivas, ao mesmo tempo que marginalizava as pequenas explorações camponesas. O sistema introduziu o controlo administrativo do mercado e minou os incentivos às iniciativas privadas. Apesar de várias intervenções de desenvolvimento, incluindo uma campanha de alfabetização, o desenvolvimento de cooperativas, a sensibilização (saúde e saneamento) e a conservação maciça dos solos e da água, estas iniciativas não se centraram na comunidade. De um modo geral, foram centradas de cima para baixo e, na sua maioria, orientadas e manipuladas pelas motivações políticas do sistema. O ambiente político que afectou largamente o sector agrícola foi o controlo administrativo dos preços dos produtos, o sistema de quotas e o acesso privilegiado aos recursos produtivos (insumos, terras férteis, serviços de extensão) por parte das cooperativas de produtores e das explorações agrícolas estatais. Após a cessação do PPMP, em meados de 1985, o Ministério da Agricultura introduziu o Programa de Extensão para o Desenvolvimento da Agricultura Camponesa (PADEP), centrado nas zonas de produção excedentária de elevado potencial e que recorria à formação e à abordagem de extensão por visita. O seu objetivo era aumentar a eficiência e o crescimento agrícola. No entanto, o programa marginalizou os camponeses fora da área de foco e, portanto, tem muito pouco impacto positivo a nível do país.

4.4.3. O regime da EPRDF (1991 - até à data)

Iniciativas políticas globais relacionadas com o desenvolvimento da pecuária

Na era da globalização, a integração económica é apelativa. Por conseguinte, seria imperativo analisar as forças globais susceptíveis de afetar a economia do país e conceber formas de otimizar a oportunidade que prevalece, através da abordagem dos constrangimentos e desafios que impõe. No que diz respeito às oportunidades, haverá uma *"revolução pecuária"* que se explica pelo aumento esperado de mais do dobro do consumo global de carne e leite no ano 2020. Ainda bem, a maior parte do crescimento da procura e da oferta deverá ocorrer no mundo em desenvolvimento, porque a carne e o leite têm uma elasticidade de rendimento elevada para os países de baixo rendimento. Existem recursos pecuários inexplorados que podem apoiar o aumento da produtividade e da produção quando os pré-requisitos necessários são satisfeitos. Números comparativos indicam que 80% do crescimento da procura total de carne e 90% da procura de leite deverão ocorrer nos países em desenvolvimento. Do mesmo modo, 60% da produção mundial de carne e mais de 50% da produção de leite serão provenientes do mundo em desenvolvimento (BM). Apesar das oportunidades, os países em desenvolvimento, como a Etiópia, continuam a ter de enfrentar desafios consideráveis. O crescimento da produção e do comércio de gado terá de ocorrer em ambientes macroeconómicos e institucionais muito alterados. Trata-se de forças globais no âmbito das quais se espera que os países com recursos pecuários significativos e potencialidades para o comércio internacional operem e cumpram.

Estes são:

i) O financiamento externo do desenvolvimento será cada vez mais orientado para a redução da pobreza, o que exige uma maior compreensão dos papéis e da contribuição do sector pecuário tanto para a redução da pobreza como para o crescimento económico da Etiópia.

ii) A distribuição de responsabilidades entre os sectores público e privado continua a evoluir. A maior parte dos fundos públicos deve ser direccionada para o financiamento de bens e serviços públicos com externalidades claras.

iii) Prevê-se um aumento do comércio mundial de produtos de base animais; cerca de um terço dos produtos agrícolas comercializados internacionalmente são produtos animais ou alimentos para animais.

iv) O aumento da procura, para além do declínio da proteção e dos subsídios à exportação ("dumping"), ao abrigo do acordo de comércio mundial, pode abrir novas oportunidades para os países em desenvolvimento, mas está também a colocar exigências crescentes às normas de saúde animal e de segurança alimentar.

v) Cada vez mais se percebe que a procura interna não é suficiente como motor de crescimento das zonas rurais e que as exportações são essenciais para um crescimento robusto do rendimento rural. A abertura dos mercados de exportação de produtos pecuários poderia ser um motor de crescimento para as populações rurais pobres.

vi) A tomada de decisões será cada vez mais descentralizada. O envolvimento crescente das comunidades locais na tomada de decisões é uma tendência mundial. Isto afecta diretamente o desenvolvimento da pecuária, porque muitas vezes diz respeito a decisões relacionadas com a gestão dos recursos naturais (terras de cultivo, água, ambiente) e com a gestão dos serviços públicos (saúde animal, investigação, extensão, etc.). Os serviços descentralizados e as organizações de produtores devem constituir uma parte central das estratégias de desenvolvimento da pecuária nos países em desenvolvimento.

vii) A estrutura do sector continuará a mudar. A crescente industrialização da produção animal A integração vertical do sector é essencial. Esta integração liga os fornecedores de factores de produção (alimentos para animais e gado), os produtores, os transformadores e os supermercados.

viii) Prevê-se que o tipo de instrumentos de investimento nas acções de desenvolvimento se altere. O apoio ao desenvolvimento do sector pecuário é cada vez mais integrado como componente de um programa de desenvolvimento mais vasto do que como um instrumento autónomo. No entanto, isto coloca o desafio de prejudicar o sector da pecuária em termos de afetação de recursos no âmbito do programa de desenvolvimento rural mais vasto.

4.5. Políticas existentes relacionadas com a pecuária

A Constituição do país (1987) estabelece os direitos económicos, sociais e culturais dos seus cidadãos. Estabelece princípios e objectivos importantes que regem as decisões e acções do Estado, bem como dos cidadãos. Entre outros, confere aos cidadãos o direito de se envolverem livremente na atividade económica e de procurarem um meio de subsistência da sua escolha em qualquer parte do território nacional, o direito de escolherem os seus meios de subsistência, ocupação e profissão. Encarrega igualmente o Estado de adotar as políticas e medidas necessárias para alargar as oportunidades de emprego aos desempregados e aos pobres e de criar condições para que os agricultores recebam preços justos pelos seus produtos e obtenham uma parte equitativa da riqueza nacional. A Constituição confere aos nacionais o direito de participarem no desenvolvimento nacional e de serem consultados sobre as políticas e os projectos que afectam as suas comunidades. Também obriga o Estado a que todos os acordos e relações internacionais protejam e garantam os direitos do país ao desenvolvimento sustentável. Estes princípios e objectivos constitucionais orientam o Estado na formulação de políticas económicas, sociais e de desenvolvimento. As políticas, estratégias e programas que se seguem emanam deste facto. Até há pouco tempo, não existia nenhuma política específica oficial de desenvolvimento agrícola ou pecuário, exceto o *Projeto de Política Agrícola* de 1992, do qual a componente de desenvolvimento pecuário era uma parte essencial. A política nacional, ou a política mais ampla do sector rural, tem orientado o desenvolvimento da pecuária e, por conseguinte, o desenvolvimento do sector pecuário ao abrigo desta política foi totalmente orientado para projectos, orientado para objectivos de curta duração, pelo que a maioria dos benefícios e actividades dos projectos não foram sustentáveis e não conseguiram transformar a economia pecuária. A maior parte dos projectos foram respostas à disponibilidade de assistência externa e não foram pensados e articulados com suficiente envolvimento participativo a todos os níveis.

As recentes políticas nacionais e sectoriais relacionadas com a pecuária são as seguintes

• Industrialização liderada pelo desenvolvimento da agricultura (ADLI);

• Documento de Estratégia para a Redução da Pobreza (DERP);

• Estratégia de Segurança Alimentar (FSS);

• Política e estratégias de desenvolvimento rural (PDR);

• Estratégia e programa de reforço das capacidades (CBSP); e

• Estratégias de Comercialização Agrícola (EMA).

• Política e estratégia de assuntos externos e de segurança:

Perante esta situação, a redução da pobreza continua a ser a principal prioridade da agenda de desenvolvimento global do Governo. Todas as políticas, estratégias e programas existentes, adoptados desde 1992/93, foram orientados para a redução da pobreza e para o crescimento sustentáveis, colocando simultaneamente a tónica na agricultura e no desenvolvimento rural. As influências de cada política no desenvolvimento da pecuária são apresentadas a seguir.

4.5.1 A estratégia de redução da pobreza na Etiópia

A primeira fase desta estratégia foi intitulada "*Programa de Desenvolvimento Sustentável e de Redução da Pobreza* (SDPRP)", que abrangeu o período de 2001/02 a 2004/05. A segunda fase, conhecida como "*Plano de Desenvolvimento Acelerado e Sustentável para Acabar com a Pobreza* (PASDEP)", que abrange o período 2005/6-2009/10, foi posta em ação. As estratégias/programas de redução da pobreza são os quadros organizacionais que reúnem todas as políticas, estratégias e programas relevantes do sector da pobreza num todo integral para tirar partido das suas sinergias e, finalmente, conseguir uma redução da pobreza e um crescimento rápidos, sustentados e em grande escala. A "redução da pobreza" continuará a ser a agenda central do desenvolvimento do país, sendo as principais áreas de incidência as questões da segurança alimentar e do desenvolvimento agrícola. Os objectivos globais do atual governo etíope para o programa de redução da pobreza e de crescimento consistem em criar um sistema económico de mercado livre que permita

i) O desenvolvimento rápido da economia,

ii) O país sair da dependência da ajuda alimentar, e

iii) Os pobres devem ser os principais beneficiários do crescimento económico.

Desde 1992, o Governo tem levado a cabo reformas políticas, económicas e sociais para reduzir a pobreza. Em consequência, a economia tem apresentado níveis de crescimento acentuados e inverteu as duas décadas anteriores de fraco desempenho económico. Apesar das reformas e das medidas tomadas e dos resultados registados no passado em termos de redução da pobreza e de melhoria do crescimento económico, o sucesso não só foi limitado como também não foi sustentado. A consequência é que ainda não se conseguiu uma reviravolta económica na agricultura e na economia rural, onde o gado é uma componente essencial. Além disso, pouco deste crescimento foi conseguido pelo sector privado, sendo a contribuição dos fundos dos doadores que, de um modo geral, impulsiona esta via de crescimento insustentável. As conclusões indicam que o país precisa de mudar para uma estratégia de crescimento mais elevada e mais autossustentável. Assim, o crescimento económico sustentável tornou-se o centro da estratégia de desenvolvimento do país, uma vez que tem essencialmente um impacto duradouro na pobreza, bem como no financiamento do investimento social necessário para o desenvolvimento humano. Um exemplo da correlação entre o crescimento e a pobreza na Etiópia é o facto de um crescimento anual de 4% diminuir o total de pobres absolutos para 22 milhões até 2015 e de um crescimento de 8% conduzir ao cumprimento do ODM de reduzir para metade a pobreza monetária até 2015. Tendo em conta o padrão de crescimento observado no passado, a estratégia de crescimento a médio prazo do país é delineada a seguir.

(a) Conseguir um crescimento mais rápido e sustentado e

(b) Reduzir a volatilidade do crescimento a curto prazo, assegurando simultaneamente a transformação estrutural da economia a longo prazo. Assim, o PASDEP pretende atingir um crescimento médio anual de 6 a 8% a médio prazo (2005 - 2010). Para tal, é necessário um esforço mais agressivo para libertar o potencial da agricultura e, consequentemente, da pecuária.

Os principais factores deste crescimento rápido e sustentado serão:

(a) Taxas mais elevadas de acumulação de capital,

(b) Aplicação de tecnologias agrícolas mais avançadas,

(c) Desenvolvimento de competências da mão de obra disponível em abundância, e

(d) Melhoria da aplicação de políticas e estratégias sólidas.

A estratégia assenta no envolvimento de uma injeção significativa de capital externo, quer em investimento direto estrangeiro quer em financiamento de doadores para investimento em infra-estruturas. Durante o período do PASDEP, foram estabelecidos os seguintes indicadores e objectivos no sector agrícola, com uma referência limitada ou escassa à pecuária. Com poucas excepções, são fixados para todo o sector agrícola.

- O crescimento médio do PIBAG aumentou em TBD até 2010

- Aumentar a produção total de carne até 2010 das actuais 514.000 toneladas para 671.000 toneladas até 2010

- Aumentar de 13 para (TBD) o número de grossistas e retalhistas privados ativamente registados que se dedicam à comercialização de gado

- Aumentar para 70% a proporção de agricultores em cooperativas em 2010

- Reduzir a venda de factores de produção agrícola (nomeadamente fertilizantes) ao abrigo do regime regional de garantia de crédito de 60% para (TBD) em 2010.

- Reviu o sistema de M&A em 2005/6 e implementou o estudo desde o ano seguinte

- Aumento do número de FTCs estabelecidos/operacionais de 7.000 para 15.000 até 2005/6

- Aumentar o número de agentes de desenvolvimento formados em TVET de 23.445 para 85.353 em 2010

- Aumentar o número de agricultores formados nas FTC de 1,8 milhões em 2005/6 para 9 milhões em 2010

- Aumento do número de famílias rurais com certificados de exploração conjunta de terras de

4,1 milhões para 8 milhões até 2005/6

• Aumentar o número de agregados familiares agrícolas que recebem serviços de extensão de 6,9 milhões para 10,7 milhões até 2010

• Aumentar a proporção de famílias de agricultores com acesso ao crédito rural de NA para TBD

• Aumentar o número de tecnologias comprovadas lançadas de 66 para 121 em 2010 (100 delas serão culturas)

• Aumentar os exportadores de carne e de animais vivos registados ativamente, dos actuais 13 para TBD

• Aumentar o número de famílias de agricultores com acesso a irrigação de pequena escala de 394,5 mil para 1.880 mil até 2010

• Harmonização das proclamações regionais de terras por quatro regiões e promulgações por outras quatro regiões, em conformidade com a nova proclamação federal de terras revista.

• Concluir a estratégia de nutrição até 2005/6 e implementá-la a partir do ano seguinte Tal como acima indicado, os objectivos fixados na pecuária para a redução da pobreza e o crescimento a médio prazo são altamente inadequados para orientar os escassos recursos e esforços disponíveis. Muitas das limitações são de ordem institucional, relacionadas com a falta de estatísticas, competências limitadas em matéria de análise subsectorial, formulação de políticas, planeamento e programação do desenvolvimento, bem como de acompanhamento e avaliação.

CAPÍTULO 5

ACLIMATAÇÃO DOS SECTORES DE CRESCIMENTO DA PECUÁRIA E DA AGRICULTURA

Comercializar a agricultura e promover o rápido crescimento do sector privado não agrícola A médio prazo, a estratégia tem dois objectivos paralelos:

(i) Comercialização da agricultura, que envolve a produção de produtos comercializáveis de alto valor, tanto para o mercado interno como para a exportação. No que respeita à pecuária, é dada especial atenção ao gado bovino.

(ii) Proteção da agricultura de subsistência a favor dos pobres, com vista a melhorar o estatuto de segurança alimentar das famílias através do aumento da produtividade dos cereais alimentares e da concentração nos pequenos ruminantes e nas aves de capoeira. Na estratégia de comercialização, espera-se que a maior parte da resposta venha do sector privado, tanto dos pequenos como dos grandes agricultores. No entanto, tendo em conta a fase inicial da transição para uma economia de mercado, o governo está empenhado em fornecer uma série de investimentos e serviços públicos a fim de impulsionar o processo.

Para a agricultura comercializada, os apoios governamentais estipulados, que podem ser relevantes para a pecuária, incluem o seguinte:

(i) Fornecimento de acesso rodoviário

(ii) Facilitação dos mercados de crédito agrícola

(iii) Prestação de serviços de extensão especializados para zonas agrícolas diferenciadas e tipos de agricultura comercial

(iv) Desenvolvimento de planos de negócios nacionais e pacotes adaptados para produtos de exportação especializados

(v) Melhorar a segurança da posse da terra e a sua disponibilidade para uma agricultura comercial viável e em grande escala.

A estratégia dá atenção à gestão da base de recursos naturais e à proteção do ambiente através de ambas as formas de desenvolvimento agrícola. **Em termos de agricultura a favor dos pobres, alguns dos instrumentos políticos adoptados são os seguintes**

Prestação de serviços de extensão intensificados a nível de kebele

(i) Estabelecimento de uma rede de centros de demonstração

(ii) Aumento dos serviços veterinários de baixo nível

(iii) Apoio à irrigação em pequena escala, complementado por uma rede de segurança

(iv) Iniciativas de geração de rendimento fora da exploração agrícola apoiadas no âmbito do programa de segurança alimentar·

5.2 Acelerar o crescimento do sector privado

Os principais instrumentos da estratégia de crescimento do sector privado incluem a criação de um ambiente institucional favorável, a exploração de nichos de mercado e a utilização de parcerias entre os sectores público e privado. Cada um deles é analisado a seguir.

(i) Habilitação do ambiente institucional

No âmbito das condições favoráveis, as medidas institucionais estipuladas continuam a simplificação dos processos empresariais e dos requisitos de licenciamento, o reforço dos quadros regulamentares e o estabelecimento de condições de concorrência equitativas, a reforma do sector financeiro para aumentar a disponibilidade de capital e de financiamento de funcionamento, a retirada progressiva das entidades estatais de áreas que podem ser eficientemente fornecidas pelo sector privado, a continuação da reforma para estabelecer a segurança da posse da terra para fins de investimento e comércio, o reforço da espinha dorsal das infra-estruturas, a melhoria das competências da mão de obra através de uma educação alargada e de programas técnicos e profissionais e, por último, a manutenção da estabilidade macroeconómica (taxa de câmbio estável e inflação baixa).

(ii) Exploração de nichos de mercado

A fim de tirar partido das oportunidades subdesenvolvidas, entre outras, a expansão do desenvolvimento da pecuária e um grande impulso para aumentar as exportações são considerados essenciais. A este respeito, o governo estabeleceu um objetivo de crescimento das exportações nacionais equivalente a 20% do PIB até 2010.

(iii) Intensificar a parceria e o diálogo entre os sectores público e privado

A estratégia considera igualmente que é crucial um apoio proactivo do governo ao sector privado no âmbito de uma parceria destinada a eliminar os obstáculos iniciais às iniciativas privadas. As medidas específicas incluem a intensificação do diálogo entre o governo e as empresas com vista a melhorar as infra-estruturas necessárias, facilitar o financiamento e a disponibilidade de terrenos e serviços e apoiar as empresas de exportação de produtos manufacturados através de um regime de incentivos como o draubaque de direitos, etc.

5.3 Uma diferenciação geográfica dos esforços de desenvolvimento

A estratégia diferenciou o país em três perspectivas: (1) as zonas económicas e agroclimáticas, (2) a agenda urbana e a ligação rural-urbana, e (3) as zonas pastoris.

O *zonamento económico e agro-climático classificou* a Etiópia em três zonas de crescimento identificadas a seguir:

(i)   Terras altas semi-áridas tradicionalmente povoadas

(ii)   Zonas de vale semi-tropicais

(iii)   Planícies semi-áridas

A estratégia reconhece que cada zona de crescimento exige respostas diferentes para maximizar o seu potencial. Será dada especial atenção aos pólos de crescimento rural e à exploração de zonas de elevado potencial, tais como os vales fluviais produtivos, as zonas com potencial para culturas múltiplas e para a integração nos mercados.

Entre os instrumentos políticos para alcançar o crescimento nestes domínios, será dada especial atenção aos seguintes

(i)   Investimento em infra-estruturas

(ii)   Facilitar o fluxo de financiamento do desenvolvimento

(iii)   Controlo da mosca tsé-tsé e da malária em zonas baixas

(iv) O reforço da agenda urbana e da ligação rural-urbana, que não foi suficientemente considerada no passado, é essencial para tirar pleno partido das sinergias e ter um melhor impacto na pobreza. Um esforço especial para as zonas pastoris exige a prossecução de uma resposta holística e adaptada ao programa.

4.3.1 Outras estratégias

Outras estratégias do PASDEP incluem a abordagem do desafio demográfico, a libertação do potencial das mulheres da Etiópia, o reforço das infra-estruturas, a gestão dos riscos e da volatilidade, o aumento da escala para atingir os ODM e a criação de emprego, nomeadamente através das PME. Estes aspectos têm as suas próprias implicações e contribuições para o subsector da pecuária.

5.3.2 Industrialização liderada pelo desenvolvimento (ADLI)

As estratégias de redução da pobreza e de crescimento económico da Etiópia assentam em quatro pilares:

1. Industrialização liderada pelo desenvolvimento agrícola (ADLI)

2 Descentralização e capacitação

3 . Reforço das capacidades nos sectores público e privado

5.3.2.1 Cada um deles é analisado separadamente, como se segue:

Industrialização liderada pelo desenvolvimento agrícola (ADLI)

A ADLI tem sido a estratégia económica a longo prazo da Etiópia desde 1994 e continua a ser válida em 2006, uma vez que coloca a tónica no aumento do rendimento das populações rurais, que constituem 85% da população e mais de 90% dos pobres, que se dedicam quase exclusivamente à agricultura. É necessário intensificar esta estratégia, uma vez que o potencial de crescimento da agricultura ainda não foi realizado. A ADLI integra a agricultura e a indústria num quadro único de desenvolvimento, em que o aumento da produção e da produtividade agrícola permite os seguintes benefícios - Fornecimento de alimentos suficientes para a população a baixo custo

- Criação e acumulação de capital nacional

- Aumento das reservas de divisas através das exportações

- Fornecimento de matérias-primas e de mão de obra rural excedentária ao comércio e à indústria

- Melhoria do poder de compra das zonas rurais e abertura de grandes mercados internos para a indústria

- Crescimento sustentável da agricultura, através do qual a indústria assume um papel na agricultura, incluindo a comercialização e a transformação de produtos agrícolas e a produção/importação e distribuição de factores de produção agrícola e de instrumentos agrícolas.

No entanto, a estratégia considera que o rácio extremamente reduzido de urbanização do país e a inadequação da procura interna constituem um constrangimento crítico que ameaça o papel transformador da agricultura. Assim, é necessário que a agricultura se torne internacionalmente competitiva e que parte da sua produção seja orientada para a exportação.

A reforma da função pública
A reforma da função pública do Governo etíope teve início em 1997 com o objetivo de melhorar o desempenho da função pública nos seguintes domínios

- A gestão dos recursos financeiros e humanos

- Identificação e prestação de serviços aos cidadãos

- Prioridades de gestão estratégica e controlo do desempenho da implementação de políticas e programas

- Estabelecimento de normas e sistemas de ética necessários para garantir a integridade do governo. A implementação desta reforma é um enorme projeto nacional, tanto em termos de recursos humanos como de compromissos financeiros.

5.3.2.2 Descentralização e empoderamento

A descentralização é o resultado da adoção de um sistema federal de governo na Etiópia. Com a devolução de poderes aos governos regionais, a execução das políticas económicas e dos programas de desenvolvimento está a passar, em grande medida, do nível central para o regional. A aplicação do federalismo fiscal assegura um sistema único de tributação e permite a cobrança de algumas receitas pelas regiões e a partilha de algumas receitas com o governo federal. Embora colocando a maior parte das receitas sob a autoridade central, esta adoção de um sistema federal prevê uma subvenção orçamental para as regiões e concede-lhes plena autonomia em matéria de despesas orçamentais.

5.3.2.3 Reforço das capacidades

O programa de reforço das capacidades inclui as seguintes componentes:

- O desenvolvimento dos recursos humanos

- Criação e reforço das instituições, e

- Estabelecimento de práticas de trabalho eficazes.

O programa deve ser implementado em relação à pequena agricultura, ao sector privado e ao sector público, incluindo o poder judicial. A formação dos agricultores, o apoio às instituições de microfinanciamento e o reforço das organizações dos sectores público e privado envolvidas no desenvolvimento da agricultura serão as principais actividades relativas à pequena agricultura. O reforço das capacidades do sector público decorrerá paralelamente à reforma do sistema judicial e da função pública. No âmbito da reforma da função pública, será dada prioridade à fiscalidade.

5.3.3 Estratégia Nacional de Segurança Alimentar (ENSA)

Cerca de 15 milhões de pessoas permanecem em situação de insegurança alimentar na Etiópia, das quais 5 a 6 milhões cronicamente e quase dez milhões em situações transitórias/emergência. Em resposta a esta situação, foi elaborada em 1996 a primeira estratégia de segurança alimentar, que foi posteriormente revista. O principal objetivo da estratégia de segurança alimentar consiste em aumentar a disponibilidade e o acesso aos alimentos a nível dos agregados familiares através do aumento da produção e da produtividade agrícola e pecuária, bem como do acesso a outros rendimentos não agrícolas através de actividades agrícolas e não agrícolas. A intervenção direccionada para a saúde e a nutrição é também uma prioridade nas zonas rurais. Os objectivos estabelecidos no âmbito do PASDEP consistem em permitir que os cinco a seis milhões de pessoas com insegurança alimentar crónica atinjam a segurança alimentar nos próximos três anos, melhorando significativamente a situação de segurança alimentar de 10 milhões de pessoas com insegurança alimentar transitória no prazo de 3 a 5 anos. Os objectivos seriam atingidos ajudando os agricultores a utilizarem os seus próprios recursos para ultrapassarem a insegurança alimentar, quer através da melhoria da agricultura, quer através da diversificação das fontes de rendimento fora das explorações agrícolas, quer ainda através da substituição da dependência da ajuda alimentar externa. A solução para a segurança alimentar deverá provir predominantemente do sector agrícola. Os principais elementos da estratégia são a produção agrícola, o desenvolvimento pastoral, o desenvolvimento de micro e pequenas empresas, programas adicionais de direitos e programas específicos e capacidade de emergência (New Coalition, 2003).

5.4 O PSF inclui seis componentes:

1.1.1   Intervenção direta na produção alimentar

1.1.2   Uma rede de segurança produtiva

1.1.3   Reinstalação voluntária

1.1.4   Abordagem do rendimento não agrícola à segurança alimentar

1.1.5   Desenvolvimento de micro e pequenas empresas

1.1.6   Capacidade de emergência do governo

5.4.1 Intervenção direta na produção alimentar

No que diz respeito à produção agrícola, a estratégia visa melhorar a oferta ou a disponibilidade de alimentos através do aumento da produção doméstica de alimentos em zonas onde a disponibilidade de humidade é maior. A estratégia coloca a tónica na introdução de diferentes tipos de pacotes de extensão integrados e orientados para o mercado, baseados nos agregados familiares, nas zonas de pecuária com maior insegurança alimentar crónica. Mas, como a maioria das zonas com insegurança alimentar sofre de grave stress hídrico, degradação dos solos e escassez de terras agrícolas, a estratégia considera mecanismos abrangentes de criação de activos, a fim de aumentar os direitos baseados na produção. No que respeita às comunidades pastoris, a estratégia coloca a tónica no desenvolvimento da pecuária, no reforço da comercialização do gado, na agro-pastorícia e na sedentarização. De um modo geral, o papel do gado na segurança alimentar tem sido bem reconhecido. A tónica foi colocada na introdução de raças de animais melhoradas e no aumento da disponibilidade de alimentação, água e saúde animal melhoradas. Foram identificadas as seguintes medidas: estabelecimento de pontos de água, produção de forragem e de culturas forrageiras a nível familiar, melhoria das pastagens comunitárias, criação de um sistema de poupança e de crédito para os pequenos ruminantes, promoção da diversificação da pecuária e reforço dos serviços de extensão da pecuária, tanto nas zonas de agricultura mista como nas zonas pastoris.

5.4.2 Rede de segurança produtiva

A Rede de Segurança Produtiva, que teve início em 2005, visa colmatar o défice de rendimento dos agregados familiares em situação de insegurança alimentar crónica e, ao mesmo tempo, permitir a criação de activos baseados na comunidade. O programa destina-se a 4,8 milhões de pessoas em 267 zonas com insegurança alimentar crónica.

5.4.3 Reinstalação voluntária

Um programa intra-regional de reinstalação voluntária tem por objetivo deslocar as partes da população que perderam a sua capacidade produtiva devido à degradação das terras, à pressão demográfica e às zonas com potencial de seca. O objetivo do programa é reinstalar 440.000 agregados familiares, o equivalente a 2,2 milhões de pessoas em três anos. Até à data, foram reinstalados 149 000 agregados familiares. Apesar dos progressos lentos, a reinstalação tem sido considerada uma alternativa eficaz para garantir a segurança alimentar num curto espaço de tempo. A reinstalação como solução alternativa é reconhecida para as comunidades pastoris

- para instalar os pastores na agricultura sedentária.

5.4.4 Abordagem do rendimento não agrícola à segurança alimentar

A intenção da abordagem do rendimento não agrícola à segurança alimentar é gerar fontes de rendimento alternativas ou suplementares em actividades não agrícolas para aumentar o direito à alimentação dos sectores mais vulneráveis da sociedade, uma vez que o rendimento obtido com as colheitas e a pecuária, por si só, pode não resolver o problema nas zonas secas e degradadas. As medidas adoptadas são rendimentos suplementares do trabalho, regimes de apoio, programas orientados para os grupos desfavorecidos e intervenção nutricional.

5.4.5 Desenvolvimento das micro e pequenas empresas

O desenvolvimento das microempresas e das empresas de pequena dimensão através do lançamento de serviços de extensão industrial, do desenvolvimento das infra-estruturas necessárias, do incentivo à comercialização competitiva dos factores de produção e dos produtos, da utilização de incentivos fiscais para produtos de base seleccionados, a fim de alterar o padrão de consumo, da eficácia do mercado, dos serviços de crédito e da formação, são igualmente salientados.

Capacidade de emergência do Governo

A capacidade de emergência do governo inclui a monitorização, a vigilância e o mecanismo de alerta precoce, o reforço da capacidade de distribuição de alimentos e a manutenção da reserva estratégica de cereais. Embora exista um mecanismo de emergência relacionado com as pessoas, a atenção tem sido negligenciada no que respeita ao mecanismo de alerta precoce e de resposta a catástrofes para os animais. As respostas de emergência relacionadas com a alimentação e o abeberamento dos animais são fracas. Em alturas de seca, os mercados de gado falham e as comunidades pastoris colocam o seu gado no mercado local e abandonam-no a preços baixos.

5.4.5.1 Política e estratégias de desenvolvimento rural (PDR)

A política de substituição do desenvolvimento da pecuária é a política e a estratégia de desenvolvimento rural. Esta política reconhece que a agricultura é o sector dominante da economia, mas que se encontra presa a um problema estrutural de baixo rendimento e baixo rendimento. O seu crescimento tem sido não só baixo mas também volátil. Os baixos níveis de rendimento e de investimento, a baixa aplicação tecnológica, a baixa capacidade e a ausência de políticas, estratégias e instrumentos adequados no passado contribuíram para o subdesenvolvimento do sector. A solução política passa por uma mudança estrutural, para a qual é necessário um importante desenvolvimento das capacidades em matéria de recursos humanos, de fornecimento de factores de produção, de adoção de tecnologias e de fornecimento de infra-estruturas. Para atingir os objectivos de segurança alimentar e a favor dos pobres, a transformação da agricultura para sair da armadilha da baixa produtividade será de grande importância. A política baseia-se no objetivo nacional de desenvolver uma economia de mercado livre, que assegure um desenvolvimento rápido, liberte a nação da dependência da ajuda alimentar e faça dos pobres os principais beneficiários do crescimento económico. A política relaciona o rápido desenvolvimento económico com o desenvolvimento orientado para a agricultura e centrado nas zonas rurais, e considera que o comércio e a indústria crescerão mais rapidamente, seguindo e em aliança com a agricultura.

Os pilares da política são identificados como:

- Utilização extensiva de mão de obra humana

- Utilização e gestão adequadas da terra, da água e de outros recursos naturais

- Abordagem de desenvolvimento baseada na agro-ecologia

- Abordagem integrada do desenvolvimento

- Desenvolvimento agrícola orientado para o mercado (orientado para a exportação)

- Intervenções direccionadas para zonas propensas à seca e com insegurança alimentar

- Incentivar o sector privado

- Aumentar os benefícios dos trabalhadores

- Ensino e formação profissional técnica agrícola,

No âmbito do PASDEP, o principal objetivo do desenvolvimento agrícola a médio prazo é acelerar a "transformação" de uma agricultura de subsistência para uma agricultura mais orientada para o negócio/mercado, protegendo ao mesmo tempo a base agrícola "essencial" da qual os pobres dependem para a sua subsistência. Assim, a estratégia tem duas vertentes:

- A comercialização da agricultura,

- O apoio contínuo à agricultura de base a favor dos pobres, no âmbito do programa nacional de segurança alimentar, que visa alcançar a segurança alimentar no prazo de cinco anos. s As orientações básicas do desenvolvimento agrícola são: práticas agrícolas de mão de obra intensiva e de melhoramento das terras, utilização plena da capacidade de produção disponível, continuação da produção e utilização de mão de obra qualificada, novas tecnologias para modernizar e sustentar o desenvolvimento agrícola, utilização das terras agrícolas nas suas melhores oportunidades, compatibilidade com as diferentes zonas agro-ecológicas, integração e coordenação eficazes das várias actividades e resultados no âmbito da agricultura e entre a agricultura e outras actividades sectoriais complementares.

Os principais *instrumentos de política do sector agrícola relevantes para a pecuária* **incluem**
(SDPRSP e
períodos PASDEP):

- Introduzir um pacote de extensão baseado em menus para aumentar a escolha da tecnologia pelos agricultores

- Alargar a cobertura dos mutuários das instituições de microfinanciamento

- Alargar a formação a nível de diploma dos agentes de extensão agrícola e a formação dos agricultores nas FTC

- Desenvolver medidas para melhorar o funcionamento do mercado dos factores de produção agrícola (fertilizantes e sementes) e dos produtos.

- Organizar, reforçar e diversificar as cooperativas autónomas para prestar melhores serviços de comercialização e servir de ponte entre os pequenos agricultores (camponeses) e o sector privado não camponês

• Estudar, quando viável, e pôr em prática a possibilidade de criar um mercado de troca de produtos agrícolas

• Realizar investigação agrícola sobre a recolha de água e a irrigação em pequena escala

• Reforçar as ligações rural-urbanas, e

• Desenvolver as empresas privadas e o espírito empresarial.

Embora mantendo outros, os dois últimos são enfatizados na estratégia PASDEP. Em resumo, os princípios subjacentes à estratégia são a coordenação/integração, a compatibilidade com zonas agro-ecológicas diferenciadas, a mão de obra intensiva, a utilização correcta das terras agrícolas e a melhoria das capacidades dos agricultores.

O RDPS distinguiu o país em três grandes zonas agro-ecológicas para as quais devem ser adoptados e implementados planos e pacotes de desenvolvimento adaptados. Estas incluem:

1. Zonas de seca

2. Zonas com humidade suficiente

3. Áreas pastorais

No âmbito do PASDEP, é feito um certo refinamento da zonagem do país. Assim, a estratégia dividiu o país em diferentes zonas e adaptou a resposta a cada condição.

Estas zonas são:
1. Áreas com potencial significativo para comercialização e diversificação - São áreas férteis do vale do rift ou áreas produtivas subexploradas. Todas as oportunidades potenciais de desenvolvimento serão exploradas para permitir que as oportunidades comerciais se desenvolvam.

2. Regiões propensas à seca - Estas são áreas que recebem ênfase na segurança alimentar, na redução da volatilidade da produção, na diversificação da dependência da produção de culturas alimentares, no aumento das oportunidades de rendimento fora das explorações agrícolas e, se for caso disso, na reinstalação voluntária (intra-regional) em áreas produtivas.

3. Regiões com precipitação adequada - São áreas que merecem melhorar as infra-estruturas e o sistema básico de mercado de insumos e produtos para facilitar o aumento da produtividade.

4. Zonas pastoris - Estas são zonas que requerem o fornecimento de infra-estruturas e serviços sociais adequados, e programas de investigação e extensão adaptados às necessidades da agricultura e pecuária de sequeiro. Também são articuladas intervenções e medidas específicas para cada zona. São delineadas áreas potenciais para produtos de base seleccionados; são criados e estão a funcionar gabinetes responsáveis pela comercialização de insumos e produtos agrícolas, tanto a nível federal como regional. Nas zonas de seca, com o objetivo de reduzir a vulnerabilidade e erradicar as catástrofes, as medidas políticas incluem principalmente a colonização, a proteção dos recursos naturais, o desenvolvimento da pecuária e a melhoria da utilização dos recursos hídricos. Nas áreas que recebem precipitação suficiente, o objetivo é maximizar os rendimentos e a produtividade dos pequenos agricultores, concentrando-se na utilização eficiente da água da chuva e da irrigação, na conservação dos recursos naturais e no desenvolvimento da pecuária. Em campos agrícolas relativamente grandes das mesmas áreas com humidade suficiente, a prioridade é aumentar a produção agrícola utilizando insumos agrícolas melhorados e melhorando a utilização dos recursos hídricos, sem negligenciar o desenvolvimento dos recursos agro-florestais e pecuários. Do mesmo modo, em zonas de elevada densidade populacional e com propriedades fundiárias cada vez mais reduzidas, a produção de culturas de rendimento é vista como uma opção preferível à produção de culturas alimentares. Será sensato analisar em profundidade as zonas pastoris, onde 90% das exportações de gado se realizaram.

Políticas de desenvolvimento das áreas pastorais

As zonas pastoris representam 12 a 15% da população humana total, e a subsistência de cerca de 90% da população depende diretamente das ocupações pastoris e agro-pastoris.

Os quatro principais condicionalismos ao desenvolvimento nas zonas pastoris são

(i)   Constrangimentos ecológicos - chuvas irregulares que conduzem a secas persistentes, pastagens inadequadas e água para animais e seres humanos

(ii) Instalações sociais deficientes - acesso deficiente à educação e aos serviços de saúde devido à mobilidade, serviços deficientes de criação e de saúde animal e mercados deficientes devido à ausência de estradas e de informação

(iii) Instituições fracas - resultando em conflitos frequentes e perturbadores e em disputas tribais, má governação e estrutura administrativa, e insensibilidade em relação ao género,

(iv) Falta de uma visão e de uma estratégia claras para o desenvolvimento da pastorícia - objectivos orientados pelos doadores, de curta duração, não participativos, não integrados e não coordenados e, por conseguinte, não há programas e projectos de desenvolvimento da pastorícia sustentáveis.

No passado, foi dada ênfase à produção de gado e à gestão das terras de pastagem através da melhoria das pastagens, do desenvolvimento da água, dos serviços veterinários e do desenvolvimento dos recursos humanos e das infra-estruturas. No entanto, o consenso geral foi que os projectos implementados no passado, só na melhor das hipóteses, atingiram os seus objectivos a curto prazo (EEA, 2005) e a abordagem e os programas de desenvolvimento fragmentados não conseguiram ser sustentados com a deterioração e o declínio contínuos da vida e do bem-estar da sociedade pastoril. Também no passado recente, a introdução de uma administração moderna enfraqueceu o papel e a contribuição das instituições indígenas para a gestão dos recursos comuns, das pastagens e da água, bem como os conflitos relacionados com estes recursos. A insegurança alimentar e a pobreza são, portanto, generalizadas e profundas nas comunidades pastoris de todo o país, uma vez que se trata de locais tradicionalmente propensos à seca, com precipitações demasiado escassas e intermitentes para apoiar a produção de culturas de sequeiro. Por conseguinte, um crescimento económico rápido e sustentável que garanta a segurança alimentar está fortemente ligado ao desenvolvimento da pecuária. A orientação política atual é que o desenvolvimento centrado na pecuária constitui a base para a mudança e o aumento do bem-estar dos pastores. De acordo com o RDPS, as estratégias de desenvolvimento pastoril previstas são então

i)   sedentarização (fixação) de pastores móveis em bases voluntárias,

ii)   consolidação e estabilização das pessoas já instaladas e semi-instaladas,

iii) seleção cuidadosa de cursos de rios viáveis e fiáveis para futura sedentarização, e ligação

destes locais através de estradas e outras linhas de comunicação, e iv) prestação de serviços

sociais móveis, incluindo saúde e educação para aqueles que continuam a ser móveis (PASDEP,

2005). No que diz respeito às comunidades pastoris, a Estratégia Nacional coloca a ênfase no

desenvolvimento da pecuária, no reforço da comercialização do gado, na agro-pastorícia e na

sedentarização (Programa Nacional de Segurança Alimentar, 2002). As medidas específicas

para o desenvolvimento das áreas pastoris envolvem a melhoria do abastecimento de água e o

desenvolvimento da irrigação, o rejuvenescimento dos recursos de pastagem e a utilização

prudente desses recursos, a melhoria das terras de pastagem, o controlo da invasão das terras

marginais, a administração e proteção das terras através da liderança dos chefes étnicos e dos

representantes eleitos, a utilização máxima das instituições e conhecimentos locais, a prestação

de serviços de saúde animal, o reforço da pecuária

sistema de alerta precoce, serviços de formação e de extensão personalizados que tenham em

conta os valores étnicos e de transbordo dos pastores, alteração do atual sistema de

comercialização do gado e integração da produção pecuária na economia nacional, alteração

das atitudes de detenção de um maior número de animais devido a vários valores tradicionais,

aumento das receitas, especialmente de gado, e orientação da produção pecuária para o

mercado. É importante que a política se centre na presença de um comité permanente para os

assuntos pastoris no parlamento federal, na representação das comunidades pastoris no

conselho administrativo distrital, na existência de um sistema eficaz de alerta precoce para

reduzir os riscos associados às secas recorrentes e na simpatia dos doadores para o

desenvolvimento da pastorícia a longo prazo.

4.4.5.2 Estratégia de comercialização agrícola

Até há pouco tempo, as estratégias, políticas e programas de investimento do governo centravam-se mais no aumento da produção, sem integrar e melhorar o sistema de comercialização; assim, as falhas do mercado colocavam os produtores em desvantagem. Mais recentemente, o governo desenvolveu um quadro estratégico a longo prazo para melhorar o sistema de comercialização agrícola. As estratégias de comercialização abrangem os lados da oferta e da procura de insumos e produtos, bem como os mercados interno e externo, visando o seguinte:

- Infra-estruturas de mercado e sistemas de informação

- Quadros regulamentares

- Implementação do reforço das capacidades, e

- Finanças.

As principais estratégias estipuladas incluem um enfoque nos seguintes componentes:

- Criação e reforço das capacidades de previsão da procura de factores de produção

- Um intercâmbio mais eficiente de factores de produção agrícola

- Criar eficiências nos mercados de produtos agrícolas

- Melhoria da montagem dos produtos

- Criação de ligações entre todos os participantes no mercado

- A formação de sistemas de recibos de armazém e de créditos de inventário

- Programas de garantia de qualidade

- Expansão da exportação de produtos agrícolas

- Expansão e reforço das infra-estruturas de comercialização

- Desenvolvimento de componentes de financiamento/empréstimos e seguros

- Garantir a prevalência de regras e regulamentos de comercialização

- Desenvolvimento de uma capacidade de implementação da comercialização agrícola, e

- A criação de um sistema de informação sobre o mercado.

4.4.5.3 O projeto de política de desenvolvimento da pecuária

A política visa aumentar a contribuição da pecuária para o desenvolvimento socioeconómico da Etiópia, com os seguintes objectivos específicos

1. Alcançar a autossuficiência alimentar em produtos de origem animal

2. Aumentar o emprego e o rendimento

3. Aumento da oferta de materiais industriais e cruzamentos de raças

- Promover e apoiar o desenvolvimento de cooperativas e empresas de lacticínios

- Caracterização das raças locais, determinação dos níveis de sangue exótico das vacas leiteiras cruzadas em conformidade com a agro-ecologia e a capacidade de gestão da área alvo e do grupo de utilizadores

- Desenvolvimento de ranchos para a produção de raças leiteiras puras e distribuição4. Aumento das receitas em divisas.

As partes técnicas do desenvolvimento da pecuária são tratadas separadamente. Estas incluem a produção leiteira, os bovinos de carne, os caprinos e ovinos, os equídeos, os camelos, as aves de capoeira, as forragens e os serviços veterinários e de saúde animal. Os domínios políticos comuns a todos os subsectores da agricultura propriamente dita são agrupados em políticas transversais, que tratam da investigação, extensão, cooperativas, fornecimento de factores de produção, comercialização, crédito, investimento, tecnologia/tratamento pós-colheita, agroindústria, informação agrícola, género, alerta rápido e instalação/reassentamento e reforço das capacidades. Cada uma delas tem as suas próprias estratégias.

Desenvolvimento do sector leiteiro

Em termos de desenvolvimento do sector do leite e dos produtos lácteos, as principais estratégias são as seguintes

- Melhorar o maneio das vacas leiteiras autóctones

- Melhoramento, multiplicação e distribuição de raças leiteiras locais de elevado potencial

- Promover a criação de explorações leiteiras nas zonas potenciais, utilizando métodos puros e adequados

• Criação de um centro nacional para o Sistema de Informação de Gestão do Sector Leiteiro (SIG)

• Identificar e dar prioridade às zonas de recolha de leite, e

• Melhorar e regulamentar a qualidade do leite e dos produtos lácteos.

Produção de bovinos de carne

O foco das estratégias para a produção de gado de corte inclui:

• Caracterização, valorização, multiplicação e distribuição de bovinos locais com potencial para a produção de carne de bovino

• Melhorar os sistemas de gestão

• Desenvolvimento de normas e classificações para animais acabados

Desenvolvimento de um processo de redistribuição de vitelos machos das zonas de planície e sua engorda em centros de concentração. No que diz respeito à produção de gado de tração, a tónica é colocada na caraterização, no registo e na expansão da sua utilização para os fins que mais servem, e no desenvolvimento de um pacote tecnológico que combine conhecimentos modernos e indígenas.

Produções de cabras e ovelhas

Em termos de produção de caprinos e ovinos, as estratégias previstas incluem a caraterização, o melhoramento, a multiplicação e a distribuição de raças de caprinos e ovinos em áreas onde terão vantagens económicas e competitivas em relação a outros sistemas pecuários.

Produção de aves de capoeira

As estratégias para o desenvolvimento da produção avícola incluem:

• Caracterização e proteção dos frangos indígenas de melhor desempenho (aves)

• Aumento da produtividade de frangos indígenas seleccionados com raças exóticas puras

• Criação de centros de multiplicação e distribuição de raças exóticas puras

• Incentivar e apoiar a participação do sector privado na indústria

- Controlo da importação de aves exóticas para a Etiópia

- Incentivo ao desenvolvimento da avicultura comercial de pequena a grande escala

- Identificação e priorização de potenciais áreas de desenvolvimento avícola

- Determinação dos níveis sanguíneos exóticos para os diferentes níveis de explorações avícolas, e

- Controlo da qualidade das raças de aves de capoeira, do equipamento e dos materiais utilizados.

Produção de forragem

Em relação à produção de forragem, as estratégias primárias envolvem:

- Melhorar a produtividade e a utilização das pastagens através da limitação da capacidade de carga

- Melhoria das instalações de abastecimento de água aos animais

- Utilização de tecnologias forrageiras adequadas (zonas de baixa altitude)

- Alargar e integrar a utilização de espécies forrageiras melhoradas com práticas de conservação do solo e da água

- Identificar, valorizar e utilizar os resíduos agrícolas e os subprodutos industriais e desenvolver mecanismos para manter reservas alimentares de emergência nas estações secas.

Serviço de Saúde Animal

No que diz respeito à prestação de serviços de saúde animal, a tónica é colocada no controlo e na erradicação das doenças epizoóticas dos animais, através da definição de prioridades para as doenças animais da lista "A", e no estabelecimento de um sistema de informação e comunicação funcional sobre estas doenças.

Além disso, outras estratégias fundamentais em matéria de saúde animal incluem:

- Criação de zonas livres de doenças e de exportação nas zonas pastoris

- A introdução de mecanismos comunitários de controlo da tsé-tsé

- Reforço dos mecanismos de controlo e vigilância das doenças

- Reforço dos serviços de quarentena e inspeção de animais e produtos animais

- Adotar e cumprir as políticas e os regulamentos da OIE, harmonizando-os com a situação atual da Etiópia

- Desenvolvimento e expansão de estações de quarentena, rotas de gado, locais de detenção e mercados

- Emissão de certificado de aptidão para instituições de transformação e exportação e de certificados sanitários e de saúde para animais e produtos de origem animal à entrada e à saída

- Regulamentar a produção, a importação e a distribuição de medicamentos e equipamentos no sector, no que diz respeito às normas, à qualidade, etc.

Serviços de extensão pecuária
Os serviços de extensão agrícola (pecuária) são um domínio político transversal, para o qual as estratégias estipuladas envolvem:

- Assegurar a coordenação dos serviços de extensão prestados pelos diferentes sectores agrícolas participantes

- Reforçar as ligações investigação-extensão-agricultores (participativas)

- Introdução de sistemas de incentivos baseados no desempenho para os extensionistas e os agricultores

- Utilização de vários canais para transmitir mensagens de extensão (canal múltiplo)

- Diferenciação das mensagens de extensão para diferentes grupos de utilizadores (especialização)

- Introduzir um sistema progressivo de recuperação dos custos dos serviços de aconselhamento, formação e extensão prestados aos agricultores. No que diz respeito ao desenvolvimento económico, a política e estratégia de negócios estrangeiros e segurança do país (2003) é congruente com a orientação do desenvolvimento agrícola e rural. A política e a estratégia de negócios estrangeiros e de segurança do país (2003) são congruentes com a orientação do desenvolvimento agrícola e rural. Os países em vias de desenvolvimento, como a Etiópia, devem tornar a sua economia competitiva a fim de se posicionarem e beneficiarem da integração da economia global. A política sublinhou o facto de que o acesso à economia global exige que o país obtenha um maior acesso aos mercados de exportação, aos fluxos de capitais estrangeiros (investimento) e à assistência técnica.

5.5 Análise dos objectivos, estratégias e instrumentos das políticas relacionadas com a pecuária

5.5.1 Objectivos políticos: Sinergia e relevância

Em relação à pecuária, esta análise política envolve o exame da relevância, adequação e eficácia dos objectivos, estratégias e instrumentos políticos nacionais e sectoriais adoptados. Os actuais objectivos políticos do Governo centram-se na obtenção de eficiência económica, estabilidade, equidade e garantia de independência na ajuda alimentar e na conservação dos recursos. O objetivo económico ou de crescimento do país consiste em aumentar o nível do rendimento nacional real e procura produzir resultados coerentes com a sua vantagem comparativa no mercado internacional. Este objetivo deve ser alcançado em simultâneo com a conservação sustentável da base de recursos naturais, no interesse da eficiência económica e da sustentabilidade a longo prazo. A conservação é muito importante quando se trata de gado, uma vez que o sobrepastoreio é um problema ambiental grave. É imperativo manter a estabilidade deste crescimento rápido previsto, uma vez que o crescimento, em especial na agricultura, tem sido demasiado volátil. A equidade é um objetivo a favor dos pobres que se centra na distribuição equitativa do rendimento e da riqueza a partir do crescimento realizado. A conclusão é que os objectivos da política de desenvolvimento do país são relevantes no contexto da Etiópia e suficientes para orientar o desenvolvimento da pecuária. Os objectivos da política de pecuária (projeto) incluem o seguinte

• Autossuficiência na produção animal através de uma melhor nutrição e gestão

• Promoção das exportações (aumento da oferta de matérias-primas e das receitas de exportação)

• Geração de rendimentos e criação de emprego.

Estes são directos e coerentes com os objectivos nacionais e sectoriais de nível superior acima
referidos

5.5.2 Adequação e Relevância das Orientações Estratégicas

No passado, a agricultura na Etiópia era identificada como uma economia dominada por
culturas que mascarava ou marginalizava o sector da pecuária como 'enchimento'.
Recentemente, as estratégias identificadas no âmbito das várias políticas económicas e
sectoriais do governo apoiam o reconhecimento da pecuária como uma área potencial para a
redução da pobreza e o crescimento económico. A estratégia reconhece que o sector pecuário
tem um papel de liderança em algumas localizações geográficas, tais como as áreas pastoris,
enquanto secundariza ou complementa outras agro-ecologias dominadas por culturas. Neste
último caso, a coexistência de culturas e de gado exige coordenação e harmonização. A tónica
geral das políticas e estratégias de desenvolvimento é a transformação do sistema de produção
agrícola (e pecuária) de subsistência dos pequenos agricultores num sistema produtivo e
orientado para o mercado. O avanço dos *critérios agro-ecológicos para uma diferenciação mais
geográfica* do país em diferentes zonas de oportunidades de crescimento com base nas suas
potencialidades e vantagens comparativas é uma estratégia excecionalmente importante para o
sub-sector marginalizado da pecuária. Este zoneamento de oportunidades de crescimento irá
adaptar serviços de apoio especiais para a intensificação de actividades e produtos dentro de
cada zona. O desenvolvimento das áreas pastoris através desta zona geográfica é um importante
passo em frente que ajuda a evitar os esforços fragmentados e não participativos do passado. O
papel do gado na segurança alimentar e no crescimento está bem articulado. Por conseguinte, a
concentração nos pequenos ruminantes e nas aves de capoeira garantirá a segurança alimentar
e a pobreza das famílias. Alternativamente, também é adequado concentrar-se na
comercialização dos grandes animais, especialmente do gado bovino para o mercado de
exportação, dadas as oportunidades potenciais e lucrativas no sector da exportação de gado. Os

pequenos ruminantes, como os ovinos e caprinos, são também importantes produtos exportáveis, para além do seu papel fundamental na garantia dos meios de subsistência. A atenção especial dada ao desenvolvimento das zonas pastoris e o apoio de programas específicos têm o potencial de melhorar a situação socioeconómica da comunidade pastoril. Além disso, as políticas têm potencial para fazer crescer a economia nacional através da exportação de gado e de produtos animais e da criação de eficiências sustentáveis através da utilização da força de tração como base de uma agricultura mista inovadora.

5.5.3 Adequação e eficácia Instrumentos de política

Os instrumentos políticos concebidos para implementar estratégias e, em última análise, para alcançar o conjunto de objectivos políticos, apoiam o aumento da produtividade e da produção pecuária e melhoram a utilização dos produtos e subprodutos da pecuária. Os principais instrumentos de política comuns ao sector agrícola, que são aplicáveis à pecuária, estão relacionados com o acesso aos recursos e aos serviços governamentais. Estes incluem os direitos e o acesso ao seguinte:

- Terreno
- Crédito
- Investigação (tecnologia)
- Extensão
- Alimentação de entrada
- Informações sobre o mercado
- Conhecimentos e competências

As medidas específicas para o gado incluem direitos e acesso a:

- Raças melhoradas
- Serviços veterinários
- Pastagens e água
- Serviços de controlo de qualidade

• Acesso à posse da terra e segurança fundiária

A Constituição da Etiópia estipula claramente que a terra é propriedade do povo e do governo. A política fundiária do país determina a utilização da terra da melhor forma possível, sem comprometer a sua contribuição para o desenvolvimento socioeconómico global. Trata-se de uma questão de eficiência económica. Mesmo com este regime fundiário, continua a haver impedimentos à utilização da terra como um fator importante para aumentar o investimento, tais como taxas de arrendamento elevadas, obstáculos burocráticos para garantir a posse da terra e ausência de serviços de infra-estruturas. No entanto, o acesso ao uso da terra é uma das principais questões do desenvolvimento agrícola (Nova Coligação, 2003). Até há pouco tempo, de acordo com a primeira política de administração fundiária do governo federal (em 1997), apenas as quatro maiores regiões promulgaram e começaram a aplicar as suas políticas regionais específicas de administração fundiária. Havia falta de harmonia entre as leis regionais em áreas comuns, como o prazo de arrendamento para diferentes actividades fundiárias. Por outro lado, a utilização e a administração das terras noutras regiões eram e continuam a ser regidas pela legislação fundiária federal, que era demasiado geral e inadequada para refletir as condições e requisitos específicos dessas regiões, especialmente das zonas pastoris. Atualmente, as quatro regiões só emitiram certificados de propriedade de terras a quatro milhões de famílias de agricultores. Devido à desarmonia causada pela anterior política de administração fundiária, esta foi revista e reeditada em julho de 2005. Os elementos essenciais da política fundiária são os seguintes: - Propriedade pública/estatal da terra

• Acesso livre e sem limite de tempo aos agricultores/pastores

• Locação a outros participantes

• Indemnização quando a terra é tomada pelo governo

• Restrição da agricultura e do pastoreio abaixo e acima de certos declives, exceto para actividades prescritas

• Levantamento do direito sobre as terras desprotegidas e danificadas pelo titular

- Restrição da redistribuição de terras sem a vontade e o consentimento dos agricultores em geral

- Arrendamento de explorações camponesas a outros agricultores ou investidores

- Apresentação do certificado de utilização dos terrenos como garantia pelos investidores

- Resolução de conflitos relacionados com a utilização das terras através de discussões bilaterais, mediação e identificação, implementação e aplicação das regras da autoridade de administração fundiária

- Criação de instituições regionais de execução a todos os níveis para supervisionar a aplicação destes regulamentos.

O governo ainda não alterou a propriedade da terra (atualmente, a terra pertence ao público ou ao Estado), apesar de debates e justificações consideráveis a favor da propriedade privada da terra, que garantirá a segurança da posse e incentivará o investimento e a assunção de riscos económicos. A política fundiária revista procurou atenuar os condicionalismos relacionados com a terra. As melhorias mais significativas introduzidas pela política fundiária revista incluem

- A redistribuição de terras deve ser efectuada após consenso de todos os agricultores da comunidade

- Autorização da utilização de certificados de propriedade como garantias pelos investidores

- Arrendamento de terras a agricultores

- Restrição do acesso às terras situadas acima de determinados declives, a fim de inverter as tendências de degradação das terras

- As sanções por danos causados às terras devido a negligência e falta de proteção podem incluir a perda do direito à exploração. ssA influência da política revista na pecuária é, em geral, positiva. Promove de forma persuasiva a produção de forragens em zonas onde o pastoreio livre é limitado para utilização através da alimentação animal de corte e transporte. Este sistema de alimentação animal aplica-se ao sistema de agricultura mista, onde a degradação das terras é pior e a alimentação animal é escassa. Nas zonas pastoris, a política fundiária exige a introdução de pastoreio controlado, uma vez que o pastoreio livre é a principal causa da degradação ambiental. Todas estas restrições políticas levaram à redução das explorações pecuárias, tanto nas explorações mistas como nos sistemas pastoris. Embora as intenções políticas sejam pertinentes, serão postas em causa pela atitude de manter o gado como uma reserva de riqueza e uma expressão de estatuto social. O reconhecimento dado pela política à resolução de conflitos relacionados com a terra, inicialmente através de discussões bilaterais e, posteriormente, através de mediação, é um ponto de viragem para revitalizar o processo de resolução de conflitos tribais, que foi anteriormente marginalizado, particularmente nas áreas pastoris, após a introdução da administração moderna. As preocupações levantadas em relação à política de administração de terras incluem o facto de as lições aprendidas com as anteriores políticas de posse de terras em África terem sido geralmente consideradas inadequadas. O desenvolvimento da pastorícia e das pastagens nas zonas áridas e semiáridas de África, apoiado pelo Banco Mundial, corrobora este ponto de vista. As abordagens convencionais aos direitos de propriedade - que atribuem direitos de propriedade a indivíduos ou ao Estado - exacerbaram os conflitos sobre a utilização dos recursos. As políticas e a legislação que tendem a centrar-se nas culturas sedentárias e na harmonização nacional da legislação continuam a levantar problemas. Os títulos de terra que resultam em parcelas individuais e na apropriação de activos fundiários habitualmente detidos por empresas (propriedade comum ou comunal) podem ter resultados adversos na produtividade, equidade e sustentabilidade. Trata-se, portanto, de uma questão relativa ao direito à terra individual, grupal, ou ambas as formas seriam viáveis para a gestão da pecuária e dos recursos naturais.

Acesso ao mercado e às informações sobre o mercado

A procura de produtos de origem animal parece ter aumentado na sequência da urbanização e do aumento do nível de rendimentos. Os preços dos animais vivos e dos produtos animais (carne e leite) também aumentaram drasticamente - quase duplicaram na década. O grande impulso para a exportação de animais vivos e de carne aumentou a procura, o que contribuiu para o aumento dos preços no mercado interno. Em resposta, parece que apenas a população das classes média e alta tem capacidade para comprar os produtos animais de elevado preço (carne). Apesar de prejudicar os consumidores de baixos rendimentos, a situação beneficia os criadores de gado e os operadores económicos médios. No caso do leite e dos produtos lácteos, a má organização e o funcionamento deficiente do mercado não são capazes de estimular uma produção leiteira moderna e o fornecimento de leite e de produtos lácteos adequados aos mercados locais e nacionais. As exportações do subsector da pecuária parecem ter aumentado nos últimos anos, mas continuam a ser muito inferiores ao potencial de exportação. Os condicionalismos políticos e institucionais contribuem em grande medida para as ineficiências dos mercados interno e de exportação. De um modo geral, as deficiências do mercado resultam das seguintes fontes identificadas

- Predomínio da produção de subsistência para consumo

- Escassez de informação sobre o mercado

- Desenvolvimento de cooperativas

- Falta de envolvimento dos investidores privados no sistema de comercialização agrícola

- Sistemas de financiamento fracos

- Subdesenvolvimento das infra-estruturas rurais

- Ligações rurais-urbanas fracas

Em termos de exportações de gado, outros fracassos incluem:

• Incapacidade de cumprir os requisitos sanitários e de saúde dos países importadores,

• Subdesenvolvimento das infra-estruturas e das disposições institucionais necessárias para inverter o fluxo de animais provenientes do comércio transfronteiriço não oficial de animais

• Mercados de exportação de gado limitados, que no futuro poderão ser afectados pela crescente concorrência internacional. Em resposta a estas limitações, o MoARD adoptou uma estratégia de comercialização agrícola em 2005. A orientação da estratégia revelou que o desenvolvimento agrícola, que não é conduzido pelas forças do mercado, não pode ser rápido e sustentável. Quando corretamente aplicadas, as estratégias orientadas para o mercado no sector da comercialização de produtos animais revelam potencialidades para os próximos anos. Embora envidando esforços ilimitados para melhorar os aspectos de comercialização do desenvolvimento da pecuária, os esforços e tendências actuais relacionados com o aumento da oferta de animais vivos para o mercado de exportação dependem em grande medida da geração jovem (efetivo) dos animais. Se a prática atual, permitida, continuar, criará um fosso geracional, bem como uma oferta não sustentada de animais vivos. Considera-se que a desarmazenagem descontrolada ameaça a futura oferta de exportação e as receitas de exportação do subsector da pecuária.

Acesso aos serviços de extensão pecuária

A extensão agrícola foi influenciada pelos diferentes sistemas políticos e pelas políticas e estratégias governamentais prevalecentes. Na era imperial, o sistema de extensão agrícola visava os grandes agricultores comerciais e marginalizava os pequenos agricultores, pelo que a sua cobertura era limitada. Durante o regime de Derg, o sistema tinha uma cobertura e uma atenção relativamente mais amplas, mas a tónica era colocada nas cooperativas/agricultores colectivos e nas grandes explorações agrícolas comerciais do Estado, ainda à custa da agricultura camponesa. Depois de 1991, a ADLI forneceu a orientação política para se centrar no aumento da produtividade da agricultura de pequena escala e o sistema de extensão foi adaptado a esse objetivo e a sua cobertura foi alargada. Algumas das mudanças políticas e institucionais que tiveram lugar nos últimos anos foram a descentralização do sistema de extensão, incluindo o pessoal e o orçamento. Os estados regionais receberam o mandato para planear, executar, monitorizar e avaliar o seu programa de extensão, enquanto o departamento federal de extensão presta apoio na geração de tecnologia, embalagem e formação personalizada, e assistência técnica e supervisão. Os princípios fundamentais dos actuais programas de extensão são os pacotes integrados baseados em menus, a recolha de água, o plano de desenvolvimento abrangente (especialização e diversificação de áreas com base em vantagens comparativas) e o ATVET. O desenvolvimento centrado nas pessoas é considerado como a chave para o sucesso e o agregado familiar como o principal ponto focal de intervenção. As comunidades têm também um papel indispensável no processo de desenvolvimento. As organizações baseadas na comunidade, tais como cooperativas, grupos de agricultores, Associações de Camponeses (APs), e quaisquer outras formas de organizações têm contribuições significativas a dar como veículos para a facilitação da extensão. A resposta do Governo aos desafios da transformação da agricultura e do desenvolvimento rural centra-se na produção da massa desesperadamente necessária de profissionais agrícolas de nível médio e de agricultores instruídos através do ATVET e dos FTCs, respetivamente. ATVET - Ensino Técnico e Profissional Agrícola e Formação em Agricultura O objetivo a longo prazo do ATVET é desenvolver capacidades que assegurem a realização do ADLI através da criação de um ambiente favorável à transformação agrícola. Enquanto o objetivo a médio prazo do ATVET visa produzir uma força de trabalho qualificada, competente e motivada que fará a diferença na transformação da agricultura de subsistência para a agricultura comercial de pequenos agricultores, o objetivo específico é criar e desenvolver recursos humanos e capacidade institucional que tenham um impacto desejável na capacitação a médio e longo prazo. Espera-se, por conseguinte, que sejam formados profissionais agrícolas de nível médio a júnior, qualificados e motivados, compatíveis com competências e tecnologias de alto nível. A formação profissional de nível médio através do ATVET tem por objetivo formar uma mão de obra qualificada que possa trabalhar como professores e agentes de desenvolvimento no "Centro de Formação de Agricultores" (CFT) e como empresários independentes. Os FTC funcionam como centros rurais de formação de agricultores e de extensão agrícola, bem como de demonstração e exposição de tecnologias modernas e de práticas e produtos agrícolas melhorados. Servem igualmente como centros de informação sobre o espírito empresarial, o mercado e o alerta rápido. No entanto, embora a instalação de FTCs tenha sido alargada, os níveis inferiores das agências governamentais não captaram devidamente as suas funções polivalentes. A plena capacidade de funcionamento das FTC está longe de ser alcançada, dadas as enormes necessidades financeiras e a fraca capacidade financeira do governo. O desenvolvimento do pessoal é também considerado uma parte importante do programa, através da contratação direta de expatriados experientes e da formação a longo prazo do pessoal local. As áreas de especialização actuais são a produção vegetal, a produção animal, a gestão dos recursos naturais, a saúde animal e o desenvolvimento de cooperativas. A ênfase na formação prática é a caraterística peculiar do programa de formação (70% de trabalho prático). Uma formação prática semelhante em instituições de ensino superior é observada na Faculdade de Agricultura de Terras Secas e Recursos Naturais (departamento de pecuária) da Universidade de Mekele. O programa ATVET é uma via promissora para a transformação do sector agrícola do país através do aumento da base de conhecimentos dos agricultores. Através deste processo de formação, espera-se fornecer o quadro institucional para aumentar a eficiência e a eficácia dos serviços de aconselhamento agrícola e pôr em prática serviços de aconselhamento descentralizados a nível local. Prevê-se que, nos próximos três a cinco anos, sejam formados mais de 55.000 agentes de extensão e 9 milhões de agricultores. Dois em cada cinco agentes de extensão formados trabalham no desenvolvimento da pecuária e nos serviços veterinários. Esta situação ajudará a evitar o sistema de agente único de extensão pecuária que foi praticado no passado. Além disso, um apoio político para promover serviços de saúde animal baseados na comunidade aproximará o serviço da comunidade, aumentando assim a cobertura educacional. De facto, através do pacote mínimo e da abordagem de extensão baseada em menus, os problemas de milhões de pequenos agricultores foram resolvidos nos últimos anos. No entanto, o atual sistema de extensão continua a ter limitações. Estas limitações são:

(i) É largamente orientado para as culturas alimentares e de rendimento, deixando a extensão pecuária como "enchimento" do sistema;

(ii) Os extensionistas estavam significativamente envolvidos na distribuição de insumos e na cobrança de empréstimos que eram concedidos aos seus clientes (agricultores) através da garantia de crédito regional;

(iii) Não isolamento dos serviços de extensão da administração política de base (uma pessoa focal do FTC), ou seja, um agente de desenvolvimento, representando o governo local, é um membro do Conselho da kebele.

(iv) Falta de competência e capacidade física inadequada por parte dos agentes de desenvolvimento para monitorizar até 300 agricultores

(v) Reestruturação frequente das instituições de extensão e dos sinais políticos em termos de orientação e prioridade, o que dificulta uma planificação coerente a nível local.

(vi) A orientação do cliente do sistema de extensão é do tipo "eu sei mais", ignorando assim a possibilidade de aproveitar as instituições e o sistema de conhecimentos indígenas;

(vii) O sistema de extensão carece de mecanismos de motivação ou de incentivos inovadores para os agentes de extensão com vista a melhorar a responsabilização e a eficiência.

(viii) Falta de coordenação e de harmonia dos serviços de extensão prestados por múltiplos actores, incluindo as ONG

(ix) Os currículos são revirados para aplicações técnicas, ignorando domínios tão importantes como o marketing, o agronegócio, a comunicação e a facilitação

(x) A criação e o equipamento de 15 000 FTC implicam um enorme investimento, o que significa que as FTC não foram testadas para garantir o seu êxito e que tem sido difícil financiar o investimento, o que faz com que a maioria das FTC construídas não disponha das infra-estruturas e instalações previstas - a maior parte delas continuará a ser nominal a curto ou médio prazo.

Embora a extensão agrícola geral trate da produção pecuária, os serviços de extensão relacionados com a prestação de serviços de saúde animal e de inseminação artificial (IA) são vistos e geridos como funções separadas. Apesar dos esforços e das melhorias registadas no passado recente, os progressos no serviço de extensão pecuária foram baixos.

Acesso à tecnologia

A investigação agrícola eficaz e sustentável e a criação de tecnologias são essenciais para um crescimento agrícola sustentável. A investigação agrícola limitada foi iniciada no final dos anos 40. Desde então, a investigação na Etiópia sofreu várias alterações políticas e institucionais, sendo a mais importante a descentralização da maioria dos centros de investigação para as regiões. A contribuição do governo para a investigação por parte das instituições federais e superiores aumentou para 80%, o que demonstra a importância da investigação. A afetação orçamental à investigação também aumentou de 10 milhões de Birr antes da década de 1990 para 94,3 milhões de Birr em 2000. No entanto, o investimento na investigação, enquanto percentagem do DGP agrícola, continua a ser baixo (0,43%), o que corresponde a metade da média africana (AEA, 2005

A AEA indicou ainda que, apesar dos progressos registados na investigação no passado, esta não conseguiu fornecer soluções tecnológicas para transformar a agricultura de subsistência. No que respeita à pecuária, a atenção dada no passado foi marginal. Isto pode ser explicado pelo facto de, de acordo com a AEA (2005), apenas 17% do total da investigação disponível no domínio da pecuária e apenas 5% do total das tecnologias de investigação (resultados) desenvolvidas, testadas e lançadas estarem relacionadas com a pecuária (raças e espécies forrageiras). Isto contrasta com a investigação no domínio das culturas, que representa 50% e 85%, respetivamente. A conclusão é que a investigação sobre o desenvolvimento da pecuária não tem merecido atenção suficiente, apesar de o subsector ser um dos recursos potenciais mais lucrativos do país. Reconhecendo este facto, a investigação etíope não avançou ao ritmo do desenvolvimento desejado. O principal objetivo da investigação tem sido identificar, testar e adaptar as tecnologias existentes em todo o mundo a um contexto etíope, reforçando simultaneamente a investigação em áreas de importância estratégica ou nacional. Foi dada ênfase à melhoria da cobertura da investigação em terras secas e agro-ecologias pastoris, à melhoria das variedades de forragem, à produção de melhor informação sobre criação, cuidados de saúde e melhoria das raças nos próximos cinco anos (PASDEP, 2005). Alguns dos factores que retardaram a investigação em pecuária incluem: falta de orientação política, a natureza complexa (requer um custo relativamente elevado, um período mais longo e competências especializadas) da investigação em pecuária e a estrutura de incentivos/remuneração das instituições de investigação. No caso desta última, existem incentivos baseados no desempenho ou no desenvolvimento de carreiras nas instituições de investigação. O desempenho está associado e é medido com base no número de publicações de investigação. Ao aperceberem-se disto, muitos investigadores estão inclinados a envolver-se em agendas de investigação de curta duração e de solução rápida, em vez de projectos de investigação pecuária complexos, demorados e dispendiosos.

a) **Acesso aos factores de produção animal**

A melhoria das raças de gado, das variedades de culturas forrageiras e dos serviços veterinários são factores vitais para aumentar a produtividade do gado. Espera-se que a investigação aborde as limitações tecnológicas relacionadas com as raças, os alimentos para animais e a transformação e embalagem de uma vasta gama de produtos animais. A população pecuária, que é principalmente indígena, tem um fraco desempenho em termos de produção e reprodução. Este facto está principalmente associado à composição genética herdada dos animais e a uma gestão deficiente em termos de alimentação e de riscos sanitários. O gado é valorizado como número de cabeças, em oposição à produção e à geração de rendimentos (New Coalition, 2003). Apesar de outras características positivas, as raças locais são conotadas com os seus baixos rendimentos, o que sugere a necessidade de melhoramento genético. Em resposta, apesar da falta de guias específicos de política de criação, foram envidados e continuam a ser envidados esforços para apoiar o melhoramento genético através da introdução de raças exóticas, da multiplicação, da distribuição de reprodutores e de cruzamentos de raças e da expansão da inseminação artificial. Existem ranchos regionais e um centro federal de inseminação artificial dedicados ao melhoramento genético. No entanto, quase todos têm funcionado de forma ineficaz e ineficiente - incapazes de satisfazer a procura em rápido crescimento de raças melhoradas, quer se trate de bovinos ou de pequenos ruminantes. Tem havido uma adoção muito mais ampla de raças de aves de capoeira no país, mas com um elevado risco de poluição genética - as espécies indígenas estão quase em risco de extinção. No entanto, ao contrário do que acontece com as plantas, não existe uma agência que defenda a conservação e a proteção dos recursos genéticos animais. Entre os factores atribuídos ao fraco desempenho das fazendas e centros estatais contam-se: o saque da maioria dos centros durante a mudança de governo em 1991 e, subsequentemente, a descentralização das respectivas regiões sem assegurar as suas capacidades de gestão. Apesar dos esforços de melhoramento genético, a orientação tem sido o cruzamento de raças autóctones com raças exóticas, com pouca ou nenhuma atenção à criação pura de raças autóctones da Etiópia, por exemplo, os tipos Borena e Fogera. No que se refere aos serviços de saúde animal, foram prosseguidos os esforços em matéria de controlo das doenças, quarentena e serviços veterinários, mas estes serviços dependem fortemente da assistência externa (projectos). Faltam guias de políticas e apoio para o desenvolvimento e utilização de plantas forrageiras, resíduos de culturas e subprodutos industriais. Em suma, o desenvolvimento da pecuária é altamente limitado pelo acesso inadequado a tecnologias e factores de produção que aumentam a produtividade. Mesmo os factores de produção disponíveis, como as raças melhoradas de gado leiteiro, caprino e ovino, são dificilmente acessíveis aos agricultores. Apesar de existirem regimes de crédito para apoiar a adoção desses factores de produção, o desempenho dessas raças não pode produzir os resultados esperados devido à disponibilidade limitada de alimentos para animais e de práticas de gestão. As culturas de rendimento de curta duração estão também a competir cada vez mais com as actividades de longo prazo no sector da pecuária.

Acesso ao crédito

O crédito estimula, apoia e acelera a utilização de inovações tecnológicas, o que aumenta a produção e a produtividade. Além disso, a melhoria dos sistemas de comercialização e a promoção das microempresas e de outras actividades geradoras de rendimentos só podem ser facilitadas de forma eficaz se forem apoiadas por sistemas de crédito sólidos. No entanto, a falta de capital para financiar a produção agrícola e a comercialização constitui um obstáculo. Em resposta, foram envidados esforços para apoiar o financiamento do sector agrícola, incluindo a pecuária, em todos os regimes. A AEA (2005) indicou que, durante a era Imperador, o financiamento dos pequenos agricultores era dificultado pela exigência de garantias reais e pelas relações entre senhorio e inquilino, que tornavam difícil a emissão de certificados de propriedade da terra. Durante o regime de Derge, as empresas públicas, as explorações agrícolas estatais e as cooperativas foram privilegiadas por condições e prioridades favoráveis, em detrimento dos pequenos agricultores. Após a mudança de governo em 1991, foram introduzidas reformas subsequentes nas políticas e instituições económicas. No sector financeiro, algumas das mudanças importantes incluem a eliminação das restrições ao acesso ao crédito, a liberalização da taxa de juro, os critérios de rentabilidade e a redução do controlo direto do governo sobre os intermediários financeiros. Atualmente, o banco mais importante especializado no financiamento de créditos agrícolas e afins é o Banco de Desenvolvimento da Etiópia. Os bancos comerciais têm-se empenhado cada vez mais no financiamento da agricultura. Na sequência da reforma do sector financeiro, os bancos privados, as instituições de microfinanciamento (IMF), os bancos cooperativos e as cooperativas de poupança e de crédito foram criados e expandiram-se rapidamente. O Governo tem também desempenhado o papel de intermediário financeiro entre os agricultores e as instituições financeiras, a fim de facilitar o fornecimento de factores de produção aos agricultores. Além disso, foi criado um sistema de crédito de recibos de armazém. Apesar de todos estes esforços, atualmente apenas cerca de 20% da procura de crédito no país é satisfeita (RUFIP/FCC, 2006); a agricultura recebeu apenas 15% do crédito desembolsado por todos os sectores financeiros formais (EEA, 2005) e apenas 6% dos pequenos agricultores na Etiópia (PASDEP, 2005) têm acesso a serviços financeiros formais. O acesso ao crédito institucional afecta a intensidade do investimento. De acordo com a AEA (2005), entre 1993 e 2001, foi aprovado um total de 1 426 projectos de investimento (novos e de expansão) no sector agrícola primário. Pouco mais de 25% desses projectos foram realizados no sector pecuário, mas a sua percentagem é inferior a 10% do capital total. O que significa que os investimentos no sector pecuário não foram intensivos em capital. Este facto parece paradoxal com a perceção de um investimento dispendioso no sector pecuário. Ignorando o ano de 1999, a média de três anos entre 1998 e 2001, a percentagem de animais (engorda de gado, produção de lacticínios e comercialização de peles e couros) do total médio de empréstimos agrícolas aprovados pelo DBE não só foi baixa (2,3%), como também diminuiu no período de 3,8% para 0,1% (DBE, relatórios anuais). Todos estes factos implicam que a pecuária não foi favorecida pela política de financiamento do crédito e/ou que a sua implementação não abordou devidamente o subsector. A maior parte do crédito agrícola, disponível e acessível a partir de fontes formais, são facilidades de financiamento a curto prazo, predominantemente para fertilizantes e sementes. Existem pequenos esforços para fornecer um serviço de crédito a favor dos pobres ou orientado para a pobreza, que só poderia financiar pacotes de gado em pequenas aves de capoeira, engorda de carne de bovino e engorda e criação de cabras/ovinos, que são viáveis e maioritariamente ocupados por mulheres. Os bancos raramente se debruçaram sobre as necessidades de crédito plurianual do desenvolvimento da pecuária. Existem fortes argumentos da maior instituição financeira (DBE), de que a política de empréstimos não é restritiva para a pecuária, mas os candidatos a empréstimos neste domínio são muito limitados. A implicação é que o investimento na pecuária é menos atrativo. Sendo estes argumentos gerais, justifica-se uma investigação mais aprofundada das políticas de crédito específicas das principais instituições financeiras relativamente ao investimento em projectos pecuários.

4.6 Principais instituições e políticas financeiras

As principais instituições financeiras relevantes para o desenvolvimento da pecuária são Banco de Desenvolvimento da Etiópia

- Banco Comercial da Etiópia

- Bancos comerciais privados

- Companhias de seguros

- Instituições de Microfinanças

- Banco Cooperativo (Oromya)

- Fundos de crédito para projectos

Cada um deles tem as suas próprias condições, sendo as mais importantes analisadas a seguir.

- Banco de Desenvolvimento da Etiópia (DBE)

O DBE é a principal instituição de crédito ao sector agrícola do país. Concede empréstimos a curto, médio e longo prazo a projectos viáveis, que se enquadrem nas prioridades do Governo e contribuam significativamente para a economia do país. Os candidatos elegíveis para o crédito devem ser titulares de licenças como a autorização de trabalho para expatriados, o certificado de registo principal, o certificado de investimento, o certificado de registo comercial e o número de identificação fiscal, bem como de um contrato de arrendamento para terrenos arrendados ou de um título de propriedade para projectos urbanos. Além disso, para os projectos rurais, é necessário um acordo contratual de utilização dos terrenos dos agricultores aprovado pela autoridade governamental competente. Deve também ser apresentado um estudo de impacto ambiental efectuado pela autoridade governamental competente. O banco tem uma política de refinanciamento de pedidos de projectos já financiados por outras instituições, mas não considera o reembolso ou o financiamento retroativo de projectos financiados pelos proprietários. O banco tem duas grandes categorias de financiamento - projectos orientados para a exportação e projectos não orientados para a exportação, para os quais os termos e condições do empréstimo variam. O DBE financia projectos orientados para a exportação e projectos de fabrico, que incluem animais vivos, couro e produtos de couro. Os requisitos específicos para novos projectos orientados para a exportação e para a indústria transformadora são 30% de capital em dinheiro e todos os projectos exigem activos fixos como garantia. No entanto, nos casos em que o governo federal ou regional não tenha autorizado a transferência de propriedade de terrenos rurais para terceiros, podem ser dados como garantia activos fixos não móveis ou outros títulos aceitáveis fora da zona do projeto, no valor de 100% do montante total do empréstimo na zona urbana. Para a expansão de projectos de exportação e de fabrico existentes, pode ser considerada como garantia uma contribuição inicial de capital próprio de 30% do capital necessário, sob a forma de numerário ou de activos do projeto não garantidos, cujo valor não seja inferior a dois terços do montante do empréstimo necessário. É aplicada uma taxa de juro de 7,5% ao ano aos projectos de exportação e de fabrico, tanto novos como de expansão. Os requisitos aplicáveis aos projectos não orientados para a exportação consistem numa contribuição mínima de 30% do capital em numerário e, nos casos em que não seja permitida a transferência de propriedade de terrenos rurais para terceiros, numa garantia de activos fixos não móveis ou de outros títulos aceitáveis situados fora das zonas do projeto, num montante equivalente a 100% do montante total do empréstimo na zona urbana. No entanto, nos casos em que é permitida a transferência de propriedade de terrenos rurais para terceiros, os activos fixos não móveis do projeto devem ascender a um máximo de 50% e os restantes 75% podem ser cobertos por investimentos fixos ou edifícios situados em zonas urbanas. No entanto, esta regra não se aplica aos projectos de produção em média e grande escala. A garantia para os projectos urbanos não orientados para a exportação é de 125% do empréstimo, incluindo os activos fixos do projeto. No entanto, com o consentimento do proprietário, as instalações arrendadas podem ser fornecidas como garantia. Para os projectos em zonas rurais, todos os projectos em instalações arrendadas em zonas rurais devem fornecer uma garantia correspondente a 100% do empréstimo concedido fora do projeto em zonas urbanas. Para todos os tipos de projectos, o banco cobra, a título de taxa de serviço, três quartos de um por cento por ano do montante do capital do empréstimo e uma taxa semelhante para os empréstimos autorizados. Em caso de locação financeira dos activos fixos essenciais à produção, é exigida uma margem de segurança de cinco anos após o último dia de reembolso, que deve ser certificada pela autoridade governamental competente. O banco concede um período máximo de carência de três anos a contar da data de início do projeto. O período máximo de reembolso é de quinze anos, incluindo o período de carência. O crédito deve ser normalmente utilizado para activos fixos, incluindo o desenvolvimento de terrenos e a criação de gado, e para pré-produção e fundo de maneio. Os tipos comuns de garantias aceites pelo banco são a garantia estatal, os activos fixos, a garantia bancária e de seguros, a garantia comercial e todos os investimentos fixos em terrenos urbanos e rurais, desde que o banco tenha o direito de os transferir para terceiros. Todos os activos fixos de um projeto, bem como os activos dados em garantia, devem ser segurados, com o banco como co-beneficiário, até à liquidação total do empréstimo.

5.6.1 Programa de Intermediação Financeira Rural

No âmbito da Comissão Federal de Cooperativas, existe o Programa de Intermediação Financeira Rural (PIFR) para o subsector das cooperativas, que tem um período de sete anos, com início há cerca de dois anos. O programa tem sido apoiado pelo ADB e pelo IFAD. O seu orçamento total é de cerca de 16 milhões de dólares, dos quais cerca de 44% se destinam ao crédito e 56% ao desenvolvimento institucional e ao reforço das capacidades. Trata-se de um programa nacional e setorial que visa abordar as principais instituições e questões políticas essenciais para o desenvolvimento de sistemas financeiros rurais dinâmicos e sustentáveis. O programa visa melhorar o acesso a serviços financeiros fiáveis que respondam às necessidades das populações rurais pobres, incluindo os pequenos agricultores. A duração do crédito é apenas anual. No que respeita à disposição institucional, o fundo de crédito flui da comissão federal de cooperativas (RUFIP) para os gabinetes regionais de cooperativas, depois para os gabinetes regionais de agricultura e desenvolvimento rural e, por fim, para os sindicatos/cooperativas. O fundo de crédito e o fluxo de informação estendem-se da comissão federal de cooperativas para os gabinetes regionais de cooperativas, depois para a pessoa focal da área dentro do gabinete de agricultura e desenvolvimento rural, para as uniões/cooperativas e depois para os utilizadores finais. No entanto, a capacidade institucional (estrutura e recursos humanos) a nível local continua subdesenvolvida, pelo que os fundos de crédito não são canalizados eficazmente para os utilizadores, como previsto. Sem o envolvimento do governo como intermediário, o acesso a empréstimos bancários por parte destes pequenos agricultores teria sido difícil, e teria havido uma tendência crescente para o declínio dos empréstimos bancários para a agricultura (AEA, 2005).

5.6.2 Instituições de Microfinanças (IMF)

O decreto relativo ao licenciamento e à supervisão das instituições de microfinanciamento (40/1996) e a diretiva emitida pela NBE MFI/05/96) constituem políticas que regem a constituição e o funcionamento das IFM. O objetivo das IFM consiste principalmente em concentrar e conceder crédito à comunidade rural, especialmente aos agricultores pobres e às actividades microeconómicas urbanas. A política exige que as IFM sejam constituídas sob a forma de sociedade e que depositem junto do banco o capital inicial mínimo exigido pela NBE (revisto ao longo do tempo). A política restringe o envolvimento de estrangeiros, ou de organizações empresariais detidas por estrangeiros, como accionistas de uma instituição de microfinanças. Atualmente, o desenvolvimento das instituições de microfinanças encontra-se numa fase embrionária; algumas delas carecem de uma base de capital sólida, de experiência e de capacidade de gestão do crédito. Também não dispõem de recursos para um pagamento adiantado; a maioria dos pequenos agricultores e das pessoas do grupo de insegurança alimentar não consegue reembolsar o crédito.

5.6.3 Intermediação financeira das administrações públicas

Existe uma nova forma de intermediação financeira do governo na região SNNPR. Desde setembro de 2005, o governo regional criou o Gabinete do Fundo de Financiamento Rural. Está institucionalizado no âmbito do BA&RD e é gerido por um Conselho de Administração. As suas fontes de financiamento são os rendimentos das acções do Estado, o fundo de segurança alimentar e algum dinheiro não utilizado. O gabinete regional tem um plano para abrir unidades focais tanto a nível de zona como de área. O fundo de crédito foi concebido para ser canalizado para os utilizadores finais através das cooperativas (uniões e/ou sociedades primárias), das IFM afiliadas ao governo e da WOA&RD. As cooperativas servem apenas os seus próprios membros, a IMF os seus clientes urbanos seleccionados (empresas) e o WOA&RD os agricultores individuais que adoptam os pacotes de extensão para o agregado familiar. O funcionário do RCF concede o empréstimo a uma taxa de juro de 1,5% ao ano. As garantias são a garantia comercial das cooperativas e da IMF, e a garantia do Estado pela WOA&RD. Cada intermediário aplicará os seus próprios critérios de empréstimo aos seus clientes-alvo. No caso das cooperativas e dos fundos de crédito canalizados pelo governo local, o envolvimento de agentes de extensão tem sido essencial. Os juros cobrados pelas IMFs variam, mas a maioria aplica cerca de 18%. As implicações para a pecuária são que as cooperativas estão fortemente empenhadas no fornecimento de fertilizantes e sementes, ignorando os factores de produção essenciais para a pecuária. Os empréstimos concedidos por todos os intermediários são anuais e, portanto, limitados a poucas actividades pecuárias.

5.6.4 Desenvolvimento do sector privado

A estratégia governamental para o desenvolvimento do sector privado é a seguinte:

• Reforçar o investimento do sector privado e a atividade empresarial

• Substituir o papel significativo do Estado por uma maior participação privada nacional e estrangeira

• Apoiar firmemente o crescimento das indústrias de exportação

As principais medidas de apoio ao sector privado incluem a realização de estudos de mercado em indústrias/sectores-chave seleccionados e a prestação de serviços de formação e de extensão no domínio do desenvolvimento das empresas. Outras funções do governo no apoio ao crescimento do sector privado incluem: a disponibilização de mão de obra instruída e qualificada através do sistema educativo, a melhoria das infra-estruturas, a garantia da disponibilidade de terrenos, a criação de um sector financeiro funcional e bem regulamentado, a manutenção da segurança e da estabilidade, o reforço das reformas da função pública e o reforço das capacidades. No passado, a tónica foi colocada nas limitações do lado da oferta, sem prestar a devida atenção ao lado da procura do desenvolvimento da pecuária. Isto significa que não houve integração vertical no sector e que não houve grandes ligações económicas com sectores não agrícolas. A transformação da agricultura não terá efeitos significativos e duradouros se não for dada igual atenção ao lado da procura dos sectores agrícola e não agrícola. Um dos principais factores determinantes da transformação agrícola é o aumento da procura interna efectiva de produtos agrícolas através de uma melhoria do emprego e do rendimento em toda a economia. Um estudo revelou que o aumento da produtividade da pecuária é condicionado por uma procura interna limitada, o que pode sugerir uma forte orientação para a exportação. É necessária uma estratégia de mercado alternativa para proteger os produtores da queda dos preços. O emprego de mão de obra intensiva, tanto nas zonas rurais como urbanas, é necessário para aumentar a procura e o poder de compra dos consumidores, pelo que a necessidade de uma intervenção urgente para aumentar a urbanização e a mobilidade dos agricultores para as zonas urbanas é uma questão preocupante. A Etiópia exporta couros e peles há mais de um século. A exportação de couros e peles representa 14-16% do total das receitas de exportação. Existe um número considerável de fábricas de curtumes que exportam produtos em bruto e semi-transformados. Mas estas indústrias de curtumes estão a funcionar abaixo de 50% das suas capacidades (AEA, 2005). A escassez de oferta de matérias-primas, a ausência de uma procura efectiva no mercado, a falta de crédito e os elevados custos de comercialização (cadeias longas) são algumas das limitações. A indústria do couro e dos produtos de couro é um dos poucos sectores privilegiados pelo governo. Foram tomadas medidas para colmatar a falta de competências neste sector específico; o Instituto de Formação em Tecnologia Industrial do Couro foi criado e está a funcionar.

5.6.5 Desenvolvimento do sector privado na pecuária

Na sequência de uma liberalização da política económica pelo atual regime, foram privatizadas empresas estatais, tais como explorações agrícolas, curtumes, matadouros e fábricas de carne. A introdução de um código de investimento destinado a incentivar o investimento privado em grande escala favoreceu o crescimento de certos subsectores agrícolas. O Código permite importações isentas de direitos durante 2 a 5 anos, uma isenção fiscal de 2 a 5 anos e terrenos gratuitos ou de baixo aluguer para vários tipos de empresas, desde que o investimento seja superior a 250 000 ETB. Cada região tem um gabinete de investimento responsável pela emissão de licenças e certificados e por facilitar o acesso dos investidores ao ponto de início da produção. Em resposta à alteração do clima de investimento, os novos investimentos no sector da pecuária têm sido encorajadores. A título de exemplo, nas regiões de Amhara e SNNP, entre 1994 e 1997, registou-se um total de 730 projectos de investimento, dos quais 200 (25%) na agricultura e agro-processamento e 40 (20%) na pecuária - engorda e lacticínios. A importação, o comércio por grosso e a venda a retalho de medicamentos veterinários são totalmente geridos pelo sector privado. O primeiro esforço organizado pelo governo para privatizar a prestação de serviços de saúde animal foi efectuado através da Campanha Pan-Africana contra a Peste Vermelha - Fase III (PARC-II) em 1994. Foi afetado um total de 8,4 milhões de Birr de fundos de crédito rotativo e foi criado o Gabinete de Promoção da Privatização Veterinária. O Banco de Desenvolvimento da Etiópia foi o intermediário financeiro. Em resposta, 118 veterinários e subprofissionais candidataram-se, 40 apresentaram propostas e, por último, 12 foram aprovados. Foi então desembolsado um empréstimo total de menos de um milhão de euros (ou 11% do fundo de empréstimo aprovado). De acordo com um estudo efectuado pelo Departamento Federal de Veterinária, os progressos em matéria de privatização foram, no entanto, decepcionantes.

Os factores que contribuem para este fracasso incluem

- Domínios pouco claros das intervenções veterinárias

- Estradas rurais subdesenvolvidas e estruturas de mercado fragmentadas

- Falta de directrizes processuais claras sobre o estabelecimento de uma clínica veterinária privada

- Falta de um verdadeiro empenhamento do Governo na privatização dos serviços clínicos veterinários e de outros serviços

- Contribuições de capital e garantias

- Ausência de um ambiente propício, incluindo legislação e regulamentação adequadas

- Os estabelecimentos veterinários privados registados e licenciados estão estimados em mais de 380, dos quais 212 estão envolvidos na importação de medicamentos, 90 no sector retalhista de medicamentos veterinários, 59 em clínicas veterinárias (incluindo dispensas de medicamentos) e 3 em postos de saúde. Recuperação dos custos: o sector público presta predominantemente serviços de saúde animal, e só recentemente numa base de recuperação parcial dos custos. Todas as taxas e encargos cobrados pelos serviços veterinários federais e regionais revertem a favor dos respectivos MoFED e BoFED. Estima-se que as receitas dos medicamentos poderiam cobrir 40-50% dos custos totais da prestação de serviços clínicos veterinários públicos. No entanto, não existe qualquer mecanismo que permita utilizar as receitas obtidas para alargar o serviço. O subsídio à prestação de serviços públicos de saúde animal resultou numa distorção do mercado e, consequentemente, o sector privado enfrentou uma concorrência desleal por parte das clínicas veterinárias públicas, ao ponto de falir. Os ranchos e centros regionais existentes, com responsabilidade nacional pelo melhoramento, multiplicação e distribuição de genótipos, têm funcionado mal devido a vários factores que vão desde a limitação de recursos à má gestão. De um modo geral, os serviços pecuários, como a saúde animal, a reprodução e o fornecimento de factores de produção fornecidos pelo governo, são ineficientes e ineficazes. No que respeita ao desenvolvimento das micro e pequenas empresas, o potencial da criação de animais, da avicultura, da colheita de seda e da produção de mel é bem reconhecido. As agências federais e regionais de desenvolvimento das micro e pequenas empresas (MSEDA) estão a facilitar o seu desenvolvimento. O apoio alargado inclui: formação em tecnologias e competências empresariais, desenvolvimento de instalações de trabalho de serviços de baixo nível, fornecimento de microcrédito, informação sobre o mercado e técnicas e fórum consultivo. A estratégia adoptada pelo MoTI (1997) para o desenvolvimento das micro e pequenas empresas (MPE) visa criar um ambiente propício ao desenvolvimento das MPE através de

- Facilitar e colmatar as lacunas de competências da mão de obra,

- Criar acesso aos serviços financeiros

- Desenvolvimento de mercados, incluindo a exportação

- Reforço das ligações entre as MPE e com outros sectores

- Criação de uma agência para a execução da estratégia

Embora a estratégia tenha implicações e contributos positivos para a promoção e o crescimento das MPE, de acordo com a AEA (2005), tem, no entanto, alguns inconvenientes:

(1) Segue uma abordagem universal para os diferentes sectores e actividades, embora cada sector tenha as suas próprias necessidades e condições especiais.

(2) A estratégia em todos os sectores destina-se a servir a ADLI, o que pressupõe que não há industrialização ou desenvolvimento económico antes da transformação da agricultura, que está em crise profunda, duvidando do seu sucesso para a ADLI.

(3) A concessão de incentivos a empresas-alvo segue uma abordagem geral, não baseada no desempenho, sendo assim considerada uma oferta gratuita sem qualquer vínculo ou obrigação.

(4) Os critérios de intensidade de mão de obra e de ligação a actividades baseadas em recursos naturais são muito restritivos e tecnologicamente proibitivos, pelo que não respondem ao objetivo de industrialização a longo prazo da economia. Outros problemas de implementação e restrições enfrentados pelas MPEs existentes incluem

- Processo longo necessário para obter licenças,

- Dificuldade

- Dificuldade de obtenção de terrenos (locais de trabalho), e

- Sistema fiscal arbitrário e subjetivo.

O apoio dos vários fornecedores de apoio, como o governo, continua a ser inadequado e o acesso ao mercado, ao crédito e a competências específicas é limitado (Worotaw, 2005)

5.7 Quadros jurídicos relacionados com a pecuária

Regulamentação internacional do comércio de produtos de origem animal

O desafio associado ao comércio internacional é o cumprimento dos requisitos rigorosos em matéria de saúde pública contra o risco de importação de agentes patogénicos perigosos para o homem ou para os animais. As exigências de risco zero são agora reconhecidas como irrealistas, pelo que a questão se torna um "risco máximo aceitável", que é, na linguagem do OIE, um "nível de proteção adequado" [ALOP]. A regulamentação internacional aplicável aos produtos agrícolas (e pecuários) é a do "Acordo Sanitário e Fitossanitário" (Acordo SPS) da Organização Mundial do Comércio (OMC). O Gabinete Internacional de Epizootias (OIE) é a organização mundial de saúde animal (com sede em Paris) que estabelece normas para a OMC. O Acordo SPS da OMC estipula o seguinte (Jobre (2004):

- Os países membros têm o direito de estabelecer o nível de proteção sanitária que considerem necessário.

- As medidas impostas são cientificamente justificáveis e são aplicadas apenas na medida do necessário para proteger a saúde humana e animal.

- As medidas não devem estabelecer discriminações injustificadas entre produtos nacionais e estrangeiros ou entre fornecedores estrangeiros.

- As medidas devem basear-se em normas internacionais para facilitar a harmonização da certificação.

- Se as medidas não se basearem em normas internacionais, devem ser estabelecidas com base nos resultados de uma análise científica.

- O processo deve ser transparente.

- Os países exportadores devem fornecer aos países importadores medidas de segurança equivalentes se não puderem cumprir as condições exactas de importação dos países importadores.

Acordos bilaterais e requisitos dos importadores

A FEDRE celebrou acordos bilaterais com alguns Estados africanos e do Golfo para o comércio legal de carne e de animais vivos e para a cooperação técnica conexa: Estes acordos bilaterais incluem: Sudanês: Memorando de entendimento entre o Ministério da Agricultura da FDRE e o Ministério dos Recursos Animais da República do Sudão no domínio da saúde animal e do serviço veterinário (Cartum, 11 de maio de 2002). Jibuti: Ata aprovada da terceira reunião de alto nível entre a República Federal Democrática da Etiópia e a República do Jibuti (17-21 de março de 2003 A.A.). Emirados Árabes Unidos: Declaração [Declaração n.o (AAB/98) de 22/9/2003] sobre os matadouros de exportação: Luna, Mwashe (Matahari), Modjo, Helmex e Elfora. Egipto: Memorando de Entendimento relativo à importação e exportação de gado e produtos animais, autoridades responsáveis pela execução, intercâmbio de informações. Nigéria: As actas acordadas foram assinadas entre os dois países em abril de 2006. A agricultura e actividades conexas é um dos grandes domínios de cooperação. No domínio da agricultura, o acordo dá maior ênfase à partilha de experiências em matéria de produção animal, vacinas para animais e cooperação em matéria de curtumes, vacinas para animais e doenças animais. A Nigéria tem também de prestar assistência técnica (profissionais voluntários) à Etiópia. Etiópia-Iémen-Sudão: em 2003, estes três países assinaram, entre os respectivos chefes de Estado, um acordo geral de cooperação, incluindo no domínio económico e comercial, que tem implicações para a pecuária. Na sequência deste quadro geral, a Câmara de Comércio da Etiópia assinou um acordo para a criação de conselhos empresariais com as suas congéneres dos outros dois países. O acordo inclui o comércio de produtos lácteos, gado e produtos de carne, bem como couro e produtos de couro. Incluindo a Somália, os quatro países assinaram o acordo de cooperação agrícola em 2005, que tem uma duração de cinco anos após a sua ratificação. Os domínios de cooperação destacam o intercâmbio de informações relacionadas com a segurança alimentar (alerta rápido e previsões), a investigação agrícola (biotecnologia), o reforço das capacidades (formação e visitas, transferência de tecnologias), a conservação dos recursos naturais, incluindo o desenvolvimento das pastagens e das terras de cultivo e a captação de água, o desenvolvimento das indústrias agrícolas e o investimento através de empresas comuns e de feiras de investimento e comerciais.

5.7.1 Proclamações e regulamentos do país em causa relativos à pecuária

Desde o final da década de 1940, existe uma variedade de leis, regulamentos e decretos relacionados com a pecuária. A maior parte deles foi encontrada especificamente para doenças animais e alguns outros para a inspeção da carne. Entre 1949 e 1971, foram emitidas pelo menos quatro proclamações e alterações para o controlo das doenças animais e duas proclamações e regulamentos sobre a inspeção da carne no início da década de 1970. A proclamação mais recente é a da Prevenção e Controlo das Doenças dos Animais, publicada em 2002

Existem quatro associações profissionais diferentes relacionadas com a saúde e a produção animal, criadas por lei desde 1968. Estas incluem as seguintes:

* Sociedade Etíope de Produção Animal (ESAP)

* Associação Veterinária da Etiópia

* Associação dos Técnicos de Saúde Animal da Etiópia

* Associação etíope de profissionais assistentes no domínio da saúde animal

Isto mostra que foram envidados esforços consideráveis para resolver os estrangulamentos regulamentares e profissionais ao desenvolvimento da pecuária.

Mais recentemente, os principais quadros jurídicos relacionados com a pecuária incluem:

* Proclamação da autoridade de comercialização dos produtos e subprodutos animais

* Proclamação relativa à prevenção e controlo das doenças animais

* Proclamação da saúde pública

* Proclamação de criação de cooperativas

* Instituto de conservação da biodiversidade e estabelecimento de investigação

* Proclamação relativa à utilização e administração do espaço rural

- A autoridade competente em matéria de qualidade e normalização proclama a criação de

- Proclamação de criação da organização etíope de investigação agrícola

- A proclamação do registo comercial e do licenciamento de empresas

- Proclamação de investimento

- Proclamação fiscal

5.7.2 Leis específicas que afectam o gado

Proclamações Controlo das doenças dos animais N.º 267/2002 Refere-se à prevenção e ao controlo de doenças; autoridade de notificação de surtos, disposições, declarações, medidas e poderes; estabelecimento de estações de quarentena, entrada e saída de portos para exportação de gado e produtos animais (LLP), certificação sanitária internacional de saúde animal e autorização de circulação de animais. Inspeção da carne n.o 274/1970 Confere ao Ministério da Agricultura poderes para controlar e regulamentar legalmente o estabelecimento de mercados estrangeiros e nacionais, a fim de garantir a salubridade dos mercados estrangeiros e nacionais que lidam com o manuseamento e a transformação de LLP.

Alteração nº 81/1976 relativa à inspeção das carnes

Confere poderes ao Ministério da Agricultura para emitir regulamentos e estabelecer critérios úteis para determinar se a LLP é própria para consumo humano, classificar e inspecionar a LLP, as unidades de transformação e a gestão da base de dados.

Regulamento de Inspeção das Carnes n.º 428 / 1972

Estabelece a regulamentação aplicável aos matadouros e estabelecimentos comerciais que se ocupam do abate e da preparação e transformação de LLP para exportação ou importação para a Etiópia.

Regulamento relativo à prevenção e controlo das doenças animais

Tem por objetivo melhorar os mecanismos de notificação, investigação e vigilância das doenças a nível federal e regional. Estabelece igualmente o modus operandi para a intervenção e o controlo de surtos de doenças. Regulamento relativo ao controlo da circulação de animais e ao transporte de produtos e subprodutos animais Estabelece mecanismos para evitar a propagação de doenças infecciosas fora dos focos de ocorrência e aumentar a confiança dos países receptores/importadores. Regulamentos relativos ao registo e licenciamento de profissionais de saúde animal Emite regulamentos que regem o registo de profissionais de saúde animal, a prestação de serviços e outras disposições diversas

Directrizes

Inspeção da carne, higiene e construção de matadouros de exportação, 2000 Adotar normas de boas práticas para garantir medidas de biossegurança e mecanismos de reforço. Procedimentos operacionais do matadouro de exportação Procedimentos de rotina relativos aos pormenores do exame dos animais destinados ao abate, decisões sobre os problemas de saúde detectados, precauções e medidas sanitárias no ambiente do matadouro A proclamação relativa à prevenção e controlo das doenças animais (267/2002) É a disposição jurídica mais recente e relevante para regulamentar os animais, os produtos animais e os subprodutos. Esta disposição foi publicada há cerca de 40 anos e revogou o decreto de controlo da saúde animal de 1961. As principais disposições da lei incluem

• Controlo da circulação de animais, produtos de origem animal e subprodutos no interior, à entrada e à saída do país

• Promover o comércio de exportação de gado e de produtos animais através do controlo das doenças animais e da observância dos acordos internacionais em matéria de saúde animal

• Autorizar a autoridade governamental competente (MoARD) a declarar as zonas infectadas ou indemnes de doenças animais "perceptíveis" e a tomar medidas de prevenção e controlo das doenças animais que entram e saem do país

• Estabelecer um sistema de preparação para emergências e de vigilância de epidemias para conter a propagação de doenças animais e evitar a introdução de doenças exóticas no país

• Estabelecer prioridades para as doenças animais com base no seu impacto socioeconómico e na saúde pública e aplicar programas de controlo

- Estabelecer zonas livres de doenças para libertar gradualmente o país de doenças visíveis e promover a exportação de animais, produtos animais e subprodutos.

- Exige que a autoridade competente trabalhe em estreita colaboração com o Ministério da Saúde para controlar as doenças zoonóticas

- Autorizar os agentes de saúde animal a inspecionar e limitar ou proibir a circulação de animais, se necessário, antes, durante e após o transporte; entrar e inspecionar quaisquer instalações ou áreas onde sejam mantidos animais, produtos e subprodutos animais ou alimentos para animais

- Efetuar uma inspeção adequada nos pontos de entrada e de saída,

- Exige que o Ministério estabeleça o sistema nacional de informação sobre saúde animal e que cada governo regional troque as informações necessárias com os governos regionais vizinhos e com o Ministério

- Exige a necessidade de emitir certificados sanitários e de saúde animal internacionais para a exportação e importação de quaisquer produtos e materiais biológicos de origem animal.

- Permite o registo de profissionais de saúde animal para prestar serviços ou exercer a profissão de veterinário e exige a criação de um conselho veterinário para o registo e o licenciamento profissional dos profissionais de saúde animal

- Requer que a autoridade competente promulgue directivas sobre as condições de realização de intervenções de saúde animal por profissionais de saúde animal não registados e outros utilizadores não profissionais

- Liberalizou os serviços de saúde animal, permitindo a qualquer pessoa estabelecer uma estação, centro ou instituição de saúde animal mediante o cumprimento dos requisitos necessários, que incluem a posse de um certificado de competência do Ministério ou das regiões em causa e de uma licença comercial do Ministério do Comércio e Indústria ou da autoridade regional competente

- Exige que o Ministério crie condições favoráveis à promoção da prestação de serviços privados de saúde animal e defina os papéis e as responsabilidades dos sectores público e privado na prestação de serviços de saúde animal

• Introdução de serviços de saúde animal baseados nos custos/recuperação.

Estabelecimento da autoridade de comercialização dos produtos e subprodutos animais (117/1998).

A proclamação é utilizada para estabelecer a Autoridade como um órgão público autónomo. No entanto, a partir de 2005, os seus poderes e deveres foram transferidos para o MoARD e o seu estatuto foi reduzido a um departamento responsável perante o Ministro de Estado da Comercialização Agrícola. A proclamação exige então que o MoARD assegure a cooperação com outros organismos envolvidos direta ou indiretamente na comercialização de gado, emita directivas de controlo da qualidade dos produtos de origem animal exportáveis e importáveis,; encorajar o estabelecimento de pontos de paragem para os stocks comerciais nacionais e de exportação e facilitar os meios de transporte, estabelecer estações de quarentena para utilização na exportação e na importação, prestar serviços de quarentena, supervisionar a construção de instalações de transformação de acordo com as normas internacionais e emitir certificados de competência, recolher, analisar e divulgar informações sobre a procura atual e a situação do mercado internacional junto dos produtores, dos consumidores nacionais e estrangeiros e dos comerciantes, acompanhar a preservação da qualidade da pele e do couro desde o abate até à comercialização.

Proclamação das Sociedades Cooperativas (147/1998)

Permite a criação de sociedades cooperativas para participar ativamente no sistema económico de mercado livre. A disposição estabelece que as sociedades cooperativas são organizações voluntárias, democráticas e autónomas, de autoajuda, controladas pelos seus membros. As disposições específicas com implicações para a pecuária são as seguintes

• Um mínimo de dez membros para constituir uma sociedade

• Qualquer sociedade cooperativa é uma organização de "responsabilidade limitada" que pode ser estabelecida a diferentes níveis até ao nível federal

• Permite que uma sociedade se dedique quer a actividades de produção, quer a actividades de prestação de serviços, quer a ambas

• Dá aos membros o direito de receber dividendos de acordo com a sua quota-parte

• Impõe restrições aos juros recebidos dos seus membros para que não excedam a taxa de juro corrente do banco

• Proíbe uma sociedade de conceder empréstimos a outras pessoas que não sejam seus membros ou uma sociedade estabelecida ao abrigo da presente proclamação

• Atribui às sociedades cooperativas o direito à isenção do imposto sobre o rendimento

• Permite que as sociedades cooperativas adquiram terrenos e recebam outras ajudas públicas através de formação e outros meios, sem prejuízo dos incentivos permitidos pelos códigos de investimento

A proclamação da saúde pública (200/2000)

Mandatou o Ministério da Saúde (MS) para "inspecionar todas as instalações onde... exista uma situação que ponha em perigo a saúde pública". Isto inclui matadouros, estações de quarentena de animais e produtos animais. Também proíbe o transporte de animais, sem vacinação e certificado válido, juntamente com passageiros.

Proclamação da criação da Autoridade para a Qualidade e a Normalização da Etiópia (102/1998): Os objectivos da Autoridade para a Qualidade e a Normalização da Etiópia são os seguintes

• Promover e apoiar o estabelecimento de práticas adequadas de gestão da qualidade como funções de gestão integrais, mas distintas, nos sectores social e económico

• Promover e coordenar a normalização a todos os níveis no país

• Contribuir para a melhoria da qualidade dos produtos e dos processos através da promoção e da aplicação das normas etíopes Os poderes e deveres para alcançar estes conjuntos de objectivos incluem

- Formular, aprovar, declarar e emitir normas etíopes para aplicações gerais e específicas, conforme necessário

- Especificar as marcas de qualidade e a certificação de conformidade

- Divulgar a qualidade e as normas entre os utilizadores e o público

- Criação de um centro de documentação e informação para o fornecimento de informações relacionadas com a qualidade e as normas Anúncio de investimento (280/2002):

O código de investimento é um dos mais flexíveis e foi objeto de várias alterações com vista a melhorar progressivamente o clima de investimento na Etiópia.

A proclamação (alteração) mais recente (373/2003) permite que a Comissão de Investimento da Etiópia execute as seguintes tarefas

- Emitir autorizações de investimento em nome do Ministério do Comércio e da Indústria (MTI)

- Autorizar o protocolo de acordo e o ato constitutivo

- (Precisa de um verbo aqui)Registos comerciais

- Emissão de autorizações de trabalho e licenças comerciais O regulamento de investimento (84/2003) estipula que os seguintes incentivos são relevantes para a produção, transformação e comercialização de gado:

- Isenta do imposto sobre o rendimento, durante cinco anos, as empresas transformadoras, agro-processadoras ou de produção agrícola que exportem 50% dos seus produtos ou que forneçam pelo menos 75% dos seus produtos a um exportador como fator de produção. Em função das circunstâncias, a isenção será alargada para 7 anos ou mais.

- Prevê isenções de dois anos do imposto sobre o rendimento em caso de exportação inferior a 50% ou de fornecimento de produtos apenas ao mercado interno, estando este último caso sujeito a uma decisão do Conselho de Administração.

- Quando o investimento é efectuado nas regiões emergentes do país, é concedida uma isenção fiscal adicional de um ano.

- Isenção do imposto sobre o rendimento durante dois anos para a expansão ou modernização de empresas existentes que exportem 50% do produto e aumentem o valor da produção em 25%.

- Proíbe a isenção do imposto sobre o rendimento para a exportação de peles e couros após transformação até ao nível da crosta.

- No caso de a empresa registar perdas, o regulamento permite o reporte do pagamento do imposto sobre o rendimento para metade do período de isenção pré-estabelecido após a data de expiração.

- Permite a importação com isenção de direitos de bens de equipamento, materiais de construção e peças sobresselentes (não mais de 15% do valor total dos bens de equipamento)

- Restringe a transferência desses bens de equipamento importados com isenção de direitos aduaneiros para terceiros que não beneficiaram da isenção de direitos aduaneiros.

Decreto relativo ao registo comercial e ao licenciamento de empresas (67/1997):

Proíbe o exercício de qualquer atividade comercial, a menos que esteja inscrito num registo comercial, e exige a apresentação de um certificado de qualificação profissional e de declarações relacionadas com as actividades comerciais. Estas incluem:

- Saúde e condições sanitárias

- Medidas de proteção ambiental e de segurança das instituições governamentais em causa

Proclamação relativa ao imposto sobre vendas e impostos especiais de consumo (68/1993)

É aplicada uma taxa de 5% sobre as vendas de animais vivos, carne, leite, peles e couros produzidos localmente ou importados.

Lei sobre a utilização e administração do solo rural (456/2005):

Constitucionalmente, a terra pertence ao público ou ao Estado. A primeira lei sobre a utilização e administração do solo rural (89/1977) foi publicada e está a ser aplicada nas quatro grandes regiões. A proclamação foi revista oito anos depois, com o objetivo de flexibilizar algumas das restrições relacionadas com a terra e harmonizar as diferenças regionais na aplicação da lei. A política fundiária revista prevê o seguinte:

• Acesso livre e não limitado no tempo às terras rurais para os camponeses/pastores que se dedicam à agricultura para viver

• Outros produtores em regime de arrendamento, o período será determinado pela lei regional

• Permite a transformação de explorações rurais comunitárias em explorações privadas, se necessário

• Exige a emissão de um certificado de propriedade fundiária a qualquer proprietário rural e permite que os camponeses/pastores arrendem as suas explorações legítimas a outros agricultores ou investidores de uma forma que não os possa deslocar

• Permite que os investidores forneçam os seus direitos de utilização arrendados como garantia

• Atribui ao proprietário rural que seria desalojado por utilidade pública uma indemnização proporcional à urbanização efectuada e à propriedade adquirida ou à terra de substituição

• Exige que o proprietário de uma terra rural a utilize e proteja e, se não a utilizar, aplica uma sanção de perda do direito de utilização da terra, reconhece a discussão e a mediação como mecanismo de resolução de litígios relacionados com a terra antes de considerar a decisão da autoridade competente

• Exige que as terras rurais com declives inferiores a 30% sigam uma estratégia de conservação do solo, de recolha de água e de alimentação por corte e transporte, proibindo o pastoreio livre Proíbe a utilização de terras rurais com mais de 60% de declive para fins agrícolas e de pastoreio livre, embora permita a produção de forragens; proíbe a distribuição de terras rurais sem o consentimento dos camponeses/pastores ou a menos que os proprietários tenham falecido ou não tenham herdeiros ou tenham abandonado a localidade

• Atribui aos Estados regionais o direito de promulgarem as respectivas leis de ordenamento e administração do território e de criarem intuições

Órgão executivo da proclamação do estabelecimento do governo (4/1995):

Definiu os poderes e deveres do órgão executivo do governo, estipulando, entre outros, a responsabilidade do desenvolvimento da pecuária sob a alçada do Ministério da Agricultura e do Desenvolvimento Rural (MoARD). Os poderes e deveres relevantes do Ministério em relação ao desenvolvimento da pecuária incluem o seguinte:

- Ajudar na direção e expansão do desenvolvimento agrícola

- Incentivar e apoiar a prestação de serviços de extensão agrícola aos camponeses

- Facilitar os factores de produção agrícola e o crédito aos camponeses

- Criar e dirigir estabelecimentos de investigação e de formação que contribuam para o reforço do desenvolvimento da agricultura e para a melhoria das tecnologias rurais

- Incentivar a organização dos camponeses e o desenvolvimento de cooperativas de camponeses

- Incentivar o investimento agrícola, emitir licenças agrícolas e supervisionar o investimento estrangeiro em actividades agrícolas

- Assegurar a realização do controlo de quarentena das plantas, sementes, animais e produtos de origem animal que entram e saem do país

- Assegurar serviços de extensão às populações pastoris

Proclamação da Organização de Investigação Agrícola da Etiópia (n.º 79/1997, em vigor a partir de junho): Através desta proclamação, os direitos e obrigações do Instituto de Investigação Agrícola (42/1966) e do Instituto Nacional de Investigação da Saúde Animal, entre outros, foram transferidos para a EARO. Os objectivos da organização incluem:

- Gerar, desenvolver e adaptar tecnologias agrícolas específicas

- Coordenar as actividades de investigação dos centros de investigação, instituições de ensino superior e outros

- Realizar investigação agrícola numa base contratual e popularizar os resultados da investigação agrícola. Para o efeito, os poderes e deveres da organização incluem: a formulação de políticas de investigação agrícola, a determinação das prioridades de investigação e o acompanhamento das implementações

• Estabelecer um sistema eficaz de coordenação entre os centros de investigação federais e os utilizadores finais

• Recolher, organizar e divulgar informações sobre as actividades e os resultados da investigação agrícola disponíveis no país ou no estrangeiro, e desenvolver e coordenar mecanismos de intercâmbio de informações

• Facilitar a coordenação para apoio mútuo entre o ensino agrícola, a investigação, a extensão e a produção, em colaboração com os órgãos competentes

• Estabelecer um sistema de revisão de projectos de investigação em cooperação com os governos regionais relevantes, a fim de evitar a duplicação desnecessária de esforços e o desperdício de recursos: Exige a posse de uma licença emitida pelo Instituto para a recolha, expedição, importação ou exportação de qualquer espécime/amostra biológica.

II. Instituições ligadas à pecuária, estrutura, funções e ligações

Evolução das instituições pecuárias até 2004 Existem diversas instituições com responsabilidades directas ou indirectas no desenvolvimento dos recursos pecuários do país. Estas instituições podem ser agrupadas em sectores público, privado e da sociedade civil. A divisão setorial, ou ministerial, das funções governamentais foi iniciada no princípio da década de 1940. Em 1943, foi criado o Ministério da Agricultura, e a produção de gado era uma das suas responsabilidades. Entre 1943 e 1963, o Serviço Imperial de Saúde Animal era uma estrutura governamental autónoma, mas a partir daí e até 1972, o seu estatuto foi reduzido a um departamento do mesmo Ministério. Entre 1973 e 1976, o Ministério foi transformado em Ministério da Agricultura e Florestas; e o departamento de desenvolvimento de recursos animais surgiu e tornou-se uma das suas principais divisões como serviço de saúde animal. Em 1973, foi criado o Laboratório de Vigilância das Doenças dos Animais de Shola. Uma das principais mudanças estruturais foi a organização do Ministério da Agricultura e Colonização, no âmbito do qual foi instituída a Autoridade Animal e das Pescas, que incluía o departamento de saúde animal. Foi o primeiro avanço institucional no domínio da pecuária. A mudança estrutural, efectuada um ano depois, trouxe de volta o Ministério da Agricultura e o Departamento de Recursos Animais e Pesqueiros. Nesta altura, o Instituto Nacional de Sanidade Animal e o Centro de Prevenção e Controlo da Tripanossomíase foram separados do Serviço de Sanidade Animal, pelo que o estatuto deste último foi reduzido para Equipa, ficando os três responsáveis perante o Departamento. Entre 1985 e 1994, o serviço de saúde animal foi novamente elevado ao estatuto de Departamento, em paralelo com o Serviço de Saúde Animal e Pescas.

Departamento de Desenvolvimento dos Recursos Animais e Pesqueiros, ambos sob a alçada do Ministério da Agricultura. Até 2004, sob a tutela do mesmo ministério, o estatuto dos serviços de saúde animal foi rebaixado para Equipa e passou a ser da responsabilidade do Departamento de Desenvolvimento dos Recursos Animais e Pesqueiros. Entre 1998 e 2004, foi criada e entrou em funcionamento a Autoridade de Comercialização de Animais, Produtos e Subprodutos de Origem Animal, sob a tutela do Ministério do Comércio e da Indústria. Foi o segundo grande avanço, depois da formação do anterior Conselho de Comercialização de Gado. É evidente que as instituições de desenvolvimento da pecuária sofreram altos e baixos nos últimos anos. A maior parte das mudanças estruturais foram desvalorizadas, especialmente nos serviços veterinários e de saúde animal. A situação causou, em parte, o fracasso prolongado da fuga ao sistema tradicional de criação de gado.Instituições relacionadas com a pecuária existentes. Estrutura a nível federal. A Etiópia segue um sistema de governo federal parlamentarista, com as três estruturas básicas: Órgãos legislativo, executivo e judicial. Nove estados regionais e duas administrações municipais (Adis Abeba e Dire Dawa) são autónomos na administração política e na gestão económica das respectivas regiões, e todos se combinam para formar o governo federal. Existem três níveis de governo na Etiópia - o federal, o regional e o Woreda. O Kebele é a estrutura administrativa mais pequena, governamental, sob a alçada do woreda. Tanto o parlamento federal como o regional têm comissões sectoriais permanentes (SCs), com a responsabilidade de supervisionar o respetivo sector, as autoridades governamentais. As respectivas comissões examinam os projectos de políticas, leis ou planos antes de serem aprovados pelo respetivo parlamento federal ou regional. A última mudança institucional significativa foi a criação do MoARD em 2004. O Ministério reuniu todas as autoridades governamentais de investigação, desenvolvimento, comercialização e regulamentação agrícola sob uma única direção. Consequentemente, a autoridade responsável pela comercialização do gado, que era anteriormente da responsabilidade do Ministério do Comércio e da Indústria (MoTI), foi despromovida a departamento e transferida para o MoARD. Desde 2004, as principais instituições federais responsáveis pelo desenvolvimento da pecuária são o MoARD federal e os BoARDs regionais. O MoARD tem três subsectores inter-relacionados e interdependentes, ou departamentos principais, cada um deles chefiado por Ministros de Estado. Os departamentos principais incluem:

1. Recursos naturais

2. Desenvolvimento agrícola

3. Comercialização agrícola

A responsabilidade pelo desenvolvimento da pecuária cabe a dois ministros de Estado. As organizações responsáveis perante os Ministros de Estado do Desenvolvimento Agrícola são

• Centro Nacional de Inseminação Artificial

• Centro Nacional de Investigação e Controlo da Tripanossomíase e dos Vectores

• O Departamento de Desenvolvimento dos Recursos Animais e Pesqueiros e o Departamento do Serviço de Saúde Animal

• O Departamento de Extensão Agrícola e TVET (incluindo a Equipa de Desenvolvimento Pastoral e o pessoal veterinário)

Estudo do Plano Diretor de Desenvolvimento Pecuário - Fase I

GRM International página 5 9

• Instituto Nacional de Veterinária

• Centro Nacional de Investigação em Saúde Animal (durante anos sob a alçada do EARO, tendo agora regressado ao MoARD)

• Direção de Investigação em Ciência Animal da Organização de Investigação Agrícola da Etiópia (EARO)

Os departamentos que dependem do Ministro de Estado da Comercialização Agrícola são

• Comercialização dos produtos da pecuária e da pesca

• Departamentos de fornecimento de factores de produção agrícola

Até há pouco tempo, os departamentos de fornecimento de insumos agrícolas estavam principalmente empenhados em facilitar o fornecimento de fertilizantes e sementes, mas não ainda de insumos pecuários, tais como raças e sementes de forragem. Noutros ministérios, existem também departamentos/agências governamentais relacionados com a pecuária. Estes incluem principalmente:

• Gabinete de Finanças e Desenvolvimento Económico, que fornece orientações políticas e estratégicas, afetação orçamental e avaliação

• Desenvolvimento Pastoral sob a tutela do Ministério do Desenvolvimento das Capacidades (MoCB), que coordena o desenvolvimento pastoral no país

• Departamento de desenvolvimento rural do Ministério dos Assuntos Federais (MoFA)

• Agência de Promoção das Exportações, que promove os produtos de exportação Agência de Desenvolvimento das Micro e Pequenas Empresas, que orienta e apoia o desenvolvimento do espírito empresarial através do desenvolvimento das micro e pequenas empresas, sendo a pecuária uma das actividades visadas Existe uma clara sobreposição de funções entre estas instituições. As unidades sob a alçada do MNE e do MoCB são organismos de coordenação sem estruturas próprias aos níveis inferiores. A todos os níveis, as instituições responsáveis pela agricultura e pelo desenvolvimento rural tratam de questões técnicas. Assim, a justificação técnica e económica para dividir as responsabilidades pelo desenvolvimento pastoral entre os vários ministérios parece fraca.

5.8 Estrutura a nível regional relacionada com o desenvolvimento da pecuária

As disposições institucionais a nível regional e woreda são quase um reflexo das disposições federais com ligeiras modificações, se as houver. Na maioria dos casos, as instituições comuns a nível regional relacionadas com a pecuária incluem principalmente O Gabinete de Agricultura e Desenvolvimento Rural é a organização regional de cúpula para o desenvolvimento da pecuária. Dois dos principais departamentos do Gabinete, que são responsáveis pelo desenvolvimento da pecuária, são Departamentos principais de agricultura. No âmbito do departamento principal de agricultura, os departamentos de pecuária e de extensão e formação são dois dos muitos. No âmbito do departamento de pecuária, existem equipas e peritos que se ocupam da produção animal, da saúde animal e da forragem. O gabinete de comercialização e de insumos agrícolas (em SNNP) ou o departamento (em Tigray), que facilita a comercialização dos insumos e dos produtos. A comissão de desenvolvimento pastoral e segurança alimentar, que desempenha um papel de liderança e coordenação de outros actores envolvidos no desenvolvimento de áreas pastoris e programas de segurança alimentar. Outras agências de apoio ao desenvolvimento da pecuária são: Gabinete de Finanças e Desenvolvimento Económico Agência de Desenvolvimento de Micro e Pequenas Empresas

I. Estrutura a nível zonal

A maior parte das regiões tem uma estrutura a nível zonal como um estatuto de sucursal dos Serviços Regionais de Agricultura e Desenvolvimento Rural. O gabinete é composto por um pessoal multidisciplinar, incluindo peritos em saúde animal e/ou produção animal e extensão. Enquanto algumas regiões, como Amhara, têm a intenção de reforçar os gabinetes zonais, Tigray tem evitado a estrutura zonal nos últimos anos e, politicamente, não tem intenção de a abrir. Apesar disso, a limitação relacionada com a eficácia da supervisão e da assistência técnica aos gabinetes woreda continua a ser crítica. Os woredas especiais têm um estatuto zonal e possuem as estruturas apresentadas abaixo

Estruturas a nível de Woreda e Kebele:

A nível dos woreda, o Gabinete de Agricultura e Desenvolvimento Rural é a instituição central, onde existem duas ou três equipas: saúde animal, produção animal e/ou desenvolvimento forrageiro. Os Centros de Formação de Agricultores (FTC) a nível de kebele são a unidade mais pequena responsável pelo desenvolvimento agrícola e rural. Esta unidade é responsável perante o Conselho de Kebele. Funções e ligações O MoARD federal e os seus vários departamentos relacionados com a pecuária são responsáveis pelas políticas nas seguintes áreas

- Política
- Leis
- Planos
- Pacotes de extensão,
- Comercialização e fornecimento de factores de produção,
- Cooperação externa
- Coordenação, assistência técnica e formação às regiões e outras instituições
- Supervisão

Com o objetivo de melhorar a produtividade e o rendimento do gado através do avanço tecnológico, as principais funções do Departamento de Desenvolvimento dos Recursos Animais e das Pescas são, assim, formular políticas, estratégias e planos de desenvolvimento do gado, pacotes tecnológicos e alargar a assistência técnica e a formação de competências. O departamento tem equipas separadas que se ocupam do leite, da carne, da força de tração, do mel e da pesca.

O Serviço de Saúde Animal é a instituição central com a função exclusiva de prestar e regulamentar os serviços veterinários do sector público federal. O seu objetivo é assegurar um serviço de saúde animal eficiente e fiável através da prevenção e do controlo eficazes das doenças animais, promovendo assim a exportação de gado e de produtos animais.

O Departamento de Comercialização da Pecuária e da Pesca ocupa-se dos seguintes domínios:

- Políticas de comercialização do gado

- Estratégias

- Planos

- Inteligência de mercado,

- Norma e qualidade,

- Assistência técnica e formação

- Facilitar a parceria e o diálogo entre os sectores público e privado

Recentemente, realizou-se um Fórum de Diálogo sobre a Comercialização Sustentável de Gado, no qual as autoridades governamentais e os investidores expressaram os seus pontos de vista e posições e dialogaram para um melhor ambiente propício. O departamento de comercialização está a servir de ponto focal, enquanto outros departamentos colaboram. O Instituto Nacional de Veterinária (NVI) está empenhado na produção de vacinas e de medicamentos para os mercados interno e externo. O Centro de Inseminação Artificial é o único organismo governamental responsável pelo melhoramento genético animal através da produção e distribuição de sémen, gás nitrogénio e serviço de touros. Assim, através destas unidades funcionais, o

O Ministério mantém o controlo das principais responsabilidades federais, incluindo:

- Monitorização das doenças dos animais

- Campanhas de vacinação

- Formação e investigação veterinária

- Produção e promoção da inseminação artificial

- Produção de medicamentos veterinários

Em termos de investigação, existem organizações de investigação federais e regionais que prestam apoio aos seus respectivos centros de investigação regionais e satélites. A nível federal, o estatuto da investigação em ciências animais é representado por uma Direção e, na maioria das regiões, por Departamentos. Ambos desenvolveram e são orientados pelos respectivos planos estratégicos de investigação federais e regionais. Atualmente, quase todas as espécies e disciplinas são abrangidas por estas agendas de investigação. O Ministério, os Gabinetes e os Gabinetes de Finanças e Desenvolvimento Económico a nível federal, regional e woreda são importantes organismos governamentais responsáveis pelo planeamento e orçamentação globais nas suas respectivas jurisdições. Outras instituições governamentais apoiam o desenvolvimento da pecuária através dos seus respectivos papéis de criação de investimento e comércio, facilitando o desenvolvimento de cooperativas e facilidades de crédito, regulando a qualidade e os padrões de produtos e serviços e promovendo micro e pequenas empresas. Estas instituições incluem as seguintes agências de investimento federais e regionais

- Agência de Promoção das Exportações da Etiópia

- Ministério e Gabinetes de Comércio e Indústria

- Comissões de Cooperação Federais e Regionais,

- Autoridade etíope para a qualidade e a normalização

- Ministério Federal e Direcções Regionais de Saúde

Instituições do sector público de nível regional relacionadas com a pecuária

Existem dois níveis de governo a nível regional: a região e o woreda. A maior parte dos gabinetes regionais tem delegações zonais com o objetivo de reforçar a sua força (por exemplo, a região de Amhara), enquanto alguns (por exemplo, Tigray) não têm uma estrutura zonal. Estes últimos consideraram que teria sido necessário porque é difícil lidar com centenas de woreda a partir de um gabinete regional. Algumas regiões, como Amahara, estão a reforçar os gabinetes zonais. Os gabinetes regionais e os gabinetes woreda da agricultura são diretamente responsáveis pela produção e comercialização de gado nas suas respectivas áreas. O exercício de planeamento é feito de baixo para cima, desde o kebele ao woreda, passando pelas zonas e regiões. Em cada nível, os respectivos conselhos tomam decisões. Desde 2001, os gabinetes agrícolas regionais foram reestruturados para refletir o novo papel do Governo. Na maioria das regiões, no âmbito da agricultura propriamente dita, o estatuto institucional do sector pecuário manteve-se a nível departamental (Tigray, Amahar e SNNP), enquanto que, muito recentemente, a região de Oromya o transformou num departamento central. A comercialização agrícola e o fornecimento de factores de produção surgiram como um gabinete ou departamento separado nessas regiões. A extensão agrícola e a formação também constituem um departamento distinto e prestam serviços de extensão pecuária. A função do departamento de extensão agrícola limita-se à coordenação e facilitação dos serviços de extensão e formação, enquanto o pessoal do departamento de pecuária faz o trabalho efetivo, incluindo a preparação de pacotes tecnológicos, a formação e o acompanhamento. Mas os serviços de pecuária prestados pelo departamento de extensão não são muito apreciados nem valorizados pelo departamento técnico, pelo que a sinergia e a cooperação entre eles são fracas.

5.9 Estrutura e ligações das instituições de investigação e ensino relacionadas com a pecuária As actuais instituições de investigação federais e regionais são:

• Organização de Investigação Agrícola da Etiópia (EARO)

• Institutos regionais de investigação agrícola (RARI) nas quatro grandes regiões

As instituições de ensino, com funções de investigação e formação, incluem:

• Universidades e institutos superiores agrícolas: Universidades de Alemay, Debub, Jima e Mekele

• Instituto Nacional de Veterinária

• Instituto de Tecnologia da Pele e do Couro

Na Etiópia, nos últimos anos, ocorreram mudanças institucionais no domínio da investigação. A mudança mais significativa foi causada pela descentralização dos centros de investigação para as regiões. Apesar das mudanças observadas, registaram-se progressos na resolução dos constrangimentos de longa data da investigação agrícola, que incluem a falta de investigadores qualificados, infra-estruturas e instalações limitadas e escassez de financiamento. No entanto, a investigação não foi capaz de resolver suficientemente os problemas do sector agrícola. A colaboração inadequada entre as organizações de investigação e a falta de ligações entre investigação-extensão-agricultores podem ser apontadas como os principais desafios institucionais que contribuem para a falta de eficácia da investigação. Outros problemas associados à investigação agrícola nacional incluem:

• Fuga de cérebros

• Falta de um plano e de uma estratégia de investigação a longo prazo

• Falta de coordenação do sector público-privado com a investigação (agroindústria)

• Falta de mecanismos que valorizem os conhecimentos e inovações indígenas dos agricultores

O Governo tem financiado cada vez mais a investigação agrícola. A contribuição do governo para a investigação das instituições federais e superiores representou 80% entre 1993 e 2000; a maior parte da investigação regional também foi financiada pelo governo. Os fundos para a investigação agrícola aumentaram drasticamente de 10 milhões de Birr antes da década de 1990 para 94,3 milhões de Birr em 2000. No entanto, o investimento na investigação em percentagem do PIB agrícola continua a ser baixo (0,43% contra a média africana de 0,85% e a média do mundo em desenvolvimento de 0,62% em 2002). Os recursos humanos no domínio da investigação também foram significativamente melhorados. O EARO absorveu dois terços das despesas de investigação e 58% dos investigadores envolvidos. Em 2000, um pouco mais de metade dos investigadores equivalentes a tempo inteiro eram pós-graduados, enquanto menos de 10% possuíam diplomas de doutoramento. Apenas 5% dos investigadores a nível regional têm formação a nível de doutoramento. Esta proporção de pessoal de investigação qualificado é inferior à de outros países africanos (AEA, 2005).

5.9.1 Instituições não governamentais relacionadas com a pecuária

As OSC/ONG são elos importantes entre a sociedade e o governo. Fazem lobby e defendem os direitos dos pobres e dos impotentes, dos pequenos agricultores e dos pastores. Criam consciencialização e defendem a justiça nos sistemas de comercialização e distribuição. O estabelecimento e a aplicação da lei e da ordem para governar o sistema de comercialização não só é vital para promover o desempenho do mercado, como também é bom para garantir a segurança alimentar e proteger o bem-estar dos produtores e dos consumidores. As OSC/ONG são, por conseguinte, parceiros de desenvolvimento no processo de transformação e crescimento, o que implica que o apoio ao desenvolvimento de instituições rurais e de associações empresariais é fundamental para a participação efectiva da comunidade. Um grande número de ONG nacionais e internacionais que operam na Etiópia têm prestado assistência específica em muitos dos distritos e comunidades mais pobres através dos seguintes meios

• Introdução de novas tecnologias

• Sintetizar as comunidades

• Criação de instituições de base comunitária e reforço das suas capacidades

As ONG mais visíveis no subsector da pecuária são

• International Livestock Research Institute - ILRI (política pecuária e investigação técnica)

• Save the Children UK - programa de agentes comunitários de saúde animal ("paravet")

• Farm Africa - projeto de criação de cabras

• Agri-Service Ethiopia - aumento da produtividade do gado e controlo da tsé-tsé

• Land O'Lakes - cooperativas sediadas nos EUA (tecnologia de lacticínios)

• Esperança para o Corno de África - desenvolvimento da zona pastoral

• SNV: cadeia de valor - leite, mel

• Fórum Pastoral Etiópia

• Fórum de Desenvolvimento Dastoral Afar,

• Conselho dos Anciãos Pastorais de Oromya,

• Pastoral Livestock Initiative (apoio ao desenvolvimento pastoral)

• Formação de parceiros regionais do sul para o controlo da tsé-tsé

• Fórum Nacional de Comercialização de Pecuária Sustentável e Produtos Pecuários - Oxfam

Além disso, existem também associações profissionais dedicadas ao desenvolvimento da pecuária, que incluem:

- Sociedade Etíope de Produção Animal (ESAP)

- Associação Veterinária da Etiópia

- Associação dos Técnicos de Saúde Animal da Etiópia

- Associação etíope de profissionais assistentes no domínio da saúde animal

Apesar da existência de cooperativas de produção e comercialização de gado orientadas para o negócio, não existem grupos de pressão (ou associações) de criadores de gado, a qualquer nível, que levantem e defendam as suas vozes e direitos. Pelo contrário, as associações profissionais e os fóruns acima mencionados estão a tentar dar voz às preocupações e aos direitos dos criadores de gado e dos pastores e a influenciar as políticas e práticas a favor dos beneficiários. A maioria das ONG/OSC supramencionadas está a operar nas regiões pastoris do país, em especial na região sul, em Oromya, Afar e na Somália. Em suma, a contribuição das OSC/ONG, em especial para o apoio à produção leiteira dos pequenos agricultores, aos serviços de saúde animal no terreno e ao desenvolvimento das comunidades pastoris, tem sido substancial, mas recebeu pouco reconhecimento e apoio do governo e dos principais financiadores. Apoio multilateral e bilateral ao desenvolvimento da pecuária O papel e a contribuição dos doadores e instituições financeiras multilaterais e bilaterais para o desenvolvimento da pecuária do país, sob a forma de programas e projectos de investimento, têm sido significativos. A história do desenvolvimento da pecuária tem estado fortemente ligada a programas e projectos de desenvolvimento. As principais agências multilaterais activas no apoio ao desenvolvimento da pecuária no país incluem:

- Banco Mundial (BM)

- Banco Africano de Desenvolvimento (BAD)

- Fundo Internacional de Desenvolvimento Agrícola (FIDA)

- União Europeia (UE)

- Organização das Nações Unidas para o Desenvolvimento Industrial (ONUDI)

O Banco Mundial apoiou uma série de quatro grandes projectos de desenvolvimento da pecuária. O primeiro programa de desenvolvimento da pecuária centrou-se no apoio ao desenvolvimento de explorações leiteiras comerciais em redor da capital (Adis Abeba). O segundo centrou-se na criação de instalações de abate para as principais cidades e no desenvolvimento de rotas e mercados de gado nas zonas pastoris. O terceiro centrou-se na melhoria da gestão das pastagens e dos serviços veterinários nas zonas pastoris. O quarto foi concebido especificamente para as terras altas, com o objetivo de melhorar a produção de forragem, em especial nas explorações leiteiras de pequenos agricultores e cooperativas. O BAD apoiou o Projeto de Reabilitação e Desenvolvimento do Sector Leiteiro (DRDP), o Projeto das Pastagens do Sudeste (SERP) e, recentemente, o Projeto Nacional de Desenvolvimento Pecuário (NLDP). Atualmente, está a apoiar o Estudo do Plano Diretor Nacional de Desenvolvimento Pecuário. Os objectivos do NLDP são contribuir para uma maior segurança alimentar, para a redução da pobreza e para as receitas em divisas do país. As principais componentes do PNLD são o Apoio à Melhoria da Produção Pecuária (inseminação artificial, melhoria dos serviços de touros), Saúde Animal (sistema de informação sobre saúde animal, vigilância e diagnóstico de doenças, controlo de doenças importantes dos pequenos ruminantes, criação de um laboratório de controlo da qualidade dos produtos veterinários, certificação e exportação de animais), Produção de Forragens (sementes de forragem, melhoria das pastagens naturais, melhoria do valor nutricional dos resíduos das culturas) e Coordenação do Programa. O Fundo Internacional de Desenvolvimento Agrícola (FIDA) apoiou, em particular, os empréstimos do BAD para a engorda de gado e a aquisição de bois de tração das terras baixas. A FAO financiou vários projectos de cooperação técnica no domínio da produção leiteira, da apicultura e do controlo da tsé-tsé e da carraça. Outras fontes de assistência incluem a Organização das Nações Unidas para o Desenvolvimento Industrial (UNIDO) com Assistência Técnica para o desenvolvimento de curtumes e a União Europeia (UE) pelo seu apoio ao PARC. A assistência bilateral de países como o Canadá, a Finlândia, a Noruega, a Suécia, a Suíça e o Reino Unido também apoiaram a introdução de novas raças e tecnologias para efeitos de desenvolvimento do sector leiteiro. As principais lições aprendidas com os projectos anteriores de pecuária na Etiópia são as seguintes

1. Os projectos anteriores no domínio da pecuária davam maior ênfase ao aumento da produção para os mercados interno e de exportação, prestando pouca atenção à satisfação das necessidades de desenvolvimento dos pequenos agricultores; não eram a favor dos pobres.

2. Alguns programas (o 2º e o 3º) não conseguiram atingir os seus objectivos devido a limitações na conceção (fraca participação e tecnologias inadequadas) e à instabilidade política.

3. Os programas fortemente impostos não serviam as melhores necessidades estratégicas da nação e não podiam continuar após o fim do financiamento dos projectos. Assim, a maioria dos projectos apenas cumpriu os seus objectivos de curta duração.

Articulação e coordenação institucional

Os três níveis de governação A articulação e a coordenação institucional ao longo dos três níveis de governação responsáveis pela agricultura e pelo desenvolvimento rural em geral, e pela pecuária em particular, são, na melhor das hipóteses, consideradas inexistentes e vagas. O princípio fundamental é que o poder é devolvido aos níveis inferiores de governo - às regiões e aos woredas - de modo a que o envolvimento do ministério federal e dos seus departamentos nos assuntos dos gabinetes regionais, e destes últimos nos assuntos dos gabinetes woreda, seja limitado. Isto significa que os woredas são autónomos para agir da forma que considerem adequada sem o envolvimento dos gabinetes regionais; os gabinetes regionais, da mesma forma, agem sem o envolvimento dos ministérios federais. Esta situação levou a que cada woreda e região pensasse e actuasse separadamente no seu próprio interesse. O ministério federal e os seus vários departamentos foram impedidos de influenciar as regiões e os woredas. Esta situação resultou na perda de ligações institucionais, de informação e de fluxos de relatórios dos gabinetes de trabalho para os gabinetes regionais e depois para os ministérios federais. O pensamento institucional em cada nível de governo mascarou o pensamento e a ação a nível setorial. Por conseguinte, é muito difícil encontrar informações a nível setorial para a formulação de políticas, o planeamento e a avaliação. O fluxo de informação dos responsáveis federais para a região, depois para as autoridades woreda, e vice-versa, depende em grande medida de relações pessoais. Neste contexto, não existe qualquer obrigação institucional de o fazer de ambos os lados. O pessoal técnico e os gestores de nível intermédio sempre levantaram estes problemas; no entanto, os decisores políticos continuaram a recusar-se a responder porque a criação de uma responsabilidade formal e funcional significa interferência. Não tem havido um mecanismo formal para trabalhar de forma integrada e harmoniosa dentro de um sector. O gabinete do woreda é responsável perante o Conselho do woreda e, do mesmo modo, os gabinetes regionais são responsáveis perante o Conselho regional, pelo que não existe uma ligação institucional formal entre o gabinete do woreda, o gabinete regional e o ministério federal que trabalha nas mesmas áreas de interesse, como a pecuária. O problema torna-se grave quando relacionado com os serviços de saúde animal. O sistema nacional de serviços veterinários inclui e é gerido tanto pelos departamentos competentes do ministério federal como pelos gabinetes regionais de agricultura e desenvolvimento rural. Mas o sistema não conseguiu legitimar as ligações funcionais e o fluxo de informação e relatórios sobre a ocorrência de doenças dos woreda e das regiões para o departamento federal dos serviços de saúde animal. O sistema não obriga os departamentos dos níveis inferiores do governo a cooperar em campanhas nacionais de erradicação ou controlo de doenças epizoóticas. Em vez disso, o serviço federal utiliza meios informais, como seminários, contactos pessoais e visitas, para incentivar a notificação de doenças e a participação regional em programas nacionais de erradicação e controlo de doenças. A situação é claramente insatisfatória e dificulta os sistemas de informação sanitária e o planeamento e a execução do controlo das doenças a nível nacional e transfronteiriço. Apesar dos melhores esforços do serviço federal, por exemplo, alguns Woreda recebem regularmente relatórios mensais de rotina sobre a ocorrência de doenças.

5.9.2 Ligações intra-serviços

Também existem deficiências na integração e harmonia dos esforços dos vários departamentos relacionados com a pecuária do mesmo ministério ou gabinete. A nível federal, os departamentos e centros relacionados com a pecuária são responsáveis perante os diferentes Ministros de Estado, e planeiam e agem separadamente, sem refletir e harmonizar a interdependência funcional entre eles. Não é raro que se interpretem mal e se culpem uns aos outros, porque não existe uma demarcação funcional clara entre eles. O serviço federal de saúde animal tem sido muito prejudicado desde 2004, na sequência da transferência do Centro Nacional de Investigação em Saúde Animal de Sebeta do antigo Ministério da Agricultura para o EARO. Este centro era o centro nacional para a realização de testes de diagnóstico especializados a nível federal e servia de referência e de apoio aos laboratórios regionais.

5.9.3 Mandatos e ligações federais e regionais em matéria de investigação

O antigo Instituto de Investigação Agrícola (IAR) tornou-se a Organização de Investigação Agrícola da Etiópia (EARO) em 1998. Tem o mandato de investigação no domínio da pecuária, das forragens e das pastagens, para além do das culturas. No passado, a tónica foi colocada na criação de animais, restringida ao gado bovino e aos pequenos ruminantes, e limitou-se principalmente a comparações de cruzamentos de várias raças exóticas e locais em algumas estações de investigação. Em 1997, os programas de investigação no domínio da pecuária foram reorganizados numa base de produtos de base. Tendo em conta a natureza dos sistemas de produção pecuária da Etiópia, uma nova estratégia desenvolve programas baseados numa mistura de espécies e disciplinas. Os dez programas propostos para a investigação pecuária são:

- produção de leite para bovinos
- produção de carne de bovino
- produção de pequenos ruminantes,
- produção avícola
- espécies da pesca e outras espécies aquícolas
- produção de camelos
- poder animal

- saúde animal

- apicultura

- alimentos para animais e nutrição

Destas componentes, a energia animal, a apicultura e os alimentos para animais e a nutrição são novos temas. O Centro Nacional de Investigação em Saúde Animal (NAHRC) é atualmente um instituto do EARO. O financiamento do NAHRC depende inteiramente dos programas de investigação aprovados e os salários do pessoal profissional estão ligados às qualificações e aos artigos publicados em revistas internacionais. O principal objetivo do NAHRC é, portanto, a investigação, em detrimento da investigação de surtos de doenças e do apoio técnico aos laboratórios regionais. Atualmente, existem institutos de investigação federais e regionais, cada um com o seu próprio plano estratégico de investigação. Em cada nível, existe uma plataforma anual de revisão da investigação, na qual são apresentados e discutidos os progressos dos projectos de investigação em curso e as novas propostas, sendo depois priorizados e aprovados novos projectos. Em ambos os níveis, os participantes comuns e activos dos trabalhos de investigação são os institutos de investigação e as suas filiais, bem como as instituições de ensino superior. O acesso dos novos projectos de investigação ao limitado financiamento da investigação é competitivo. Cada região tem autoridade para decidir sobre os seus próprios trabalhos de investigação, e o Instituto Federal de Investigação não tem qualquer poder para além de sugerir alterações ou eliminar trabalhos de investigação durante a revisão nacional. Em alguns casos, o papel dos institutos de investigação federais e regionais parece

menos claras. Por exemplo, algumas investigações de importância nacional, como a caraterização de raças locais e o melhoramento genético, são planeadas separadamente por regiões (Tigray, SNNP) e aprovadas pela respectiva região e apoiadas pelo instituto nacional de investigação. Embora se tenham registado progressos, todos os institutos de investigação continuam a estar suborçamentados, mal equipados e com falta de pessoal. Na pecuária, todos os institutos de investigação e de ensino superior contactados referiram a inexistência ou a inadequação das infra-estruturas de investigação e das instalações para o trabalho prático de investigação. O número de investigadores afectados ao terreno tem sido muito inferior às necessidades e, quando este facto é associado à elevada rotação do pessoal, o problema torna-se grave. Devido ao longo período de gestação e à natureza onerosa da investigação no domínio da pecuária, a afetação orçamental é tendenciosa a favor de projectos de investigação de curta duração e menos onerosos; assim, as propostas de investigação no domínio da pecuária continuam a ser arquivadas e a motivação dos investigadores no terreno diminui. O Instituto Internacional de Investigação Pecuária (ILRI, antigo Centro Internacional de Pecuária para África - ILCA) também contribuiu para o conhecimento dos sistemas de produção pecuária da Etiópia e   das novas tecnologias.

Embora a participação do sector privado seja pouco frequente na Etiópia, algumas OSC/ONG estão empenhadas em investigações de ação participativa. No entanto, estes esforços não foram coordenados e os resultados da investigação não foram amplamente divulgados ou utilizados. Existem várias universidades, escolas superiores e institutos que ministram formação e realizam investigação no domínio da pecuária, nomeadamente

• Universidade de Alemay,

• Universidade de Debub (Departamento de Ciência Animal e Gestão de Terras Agrícolas da Escola Superior de Agricultura de Awassa)

• Universidade de Mekele (Animal, Rangeland and Wildlife Department of the Faculty of Dry Land Agriculture and Natural Resources);

• Universidade de Adis Abeba (Faculdade de Veterinária criada em 1979),

• Escolas Agrícolas de Jimma e Ambo;

• ATVETs,

• Instituto de Formação em Saúde Animal (criado em 1963)

Estas instituições são importantes centros de aprendizagem que produzem e contribuem com pessoal qualificado para o desenvolvimento da pecuária. Por uma questão de política, as instituições de ensino superior dedicam 70% do seu tempo ao ensino e 25% à investigação. Algumas universidades, como a Universidade de Mekele, têm programas de estágios práticos para estudantes do terceiro ano, embora estes programas sejam afectados pela falta de patrocinadores. Algumas estatísticas sobre a capacidade de admissão anual de algumas das instituições de ensino superior são as seguintes 25-30 veterinários para cursos de 6 anos pela Faculdade de Veterinária, 60-70 assistentes de saúde animal para cursos de 2 anos pelo Instituto de Formação em Saúde Animal, 640 estudantes pela Universidade de Mekele, e 5.000 trabalhadores de saúde animal nos próximos 3 a 5 anos pelo ATVET.

4.9.4 Processo de planeamento, revisão e apresentação de relatórios

O Ministério, os Gabinetes e o Gabinete de Finanças e Desenvolvimento Económico são os órgãos centrais do governo federal, regional e woreda responsáveis, nas respectivas jurisdições, pela política económica global, pelo plano e pela atribuição e controlo dos orçamentos. São o centro da cooperação externa com os doadores e as ONG. Cada sector do Ministério e da Mesa tem os seus próprios departamentos de planeamento responsáveis pelo planeamento organizacional, pela orçamentação e pela elaboração de relatórios. Todo o planeamento segue um procedimento faseado para aprovação que inclui:

1. Os planos são iniciados pelos oficiais e depois compilados e analisados ao nível da equipa, do departamento e da organização.

2. Os departamentos de planeamento de ambas as instituições produzem planos organizacionais. Depois de discutidos e aprovados pelos respectivos órgãos de direção, os respectivos planos são apresentados ao MoFED ou ao BoFED para uma análise mais aprofundada.

3. Nesta fase, uma audição orçamental organizada por este último permite que os ministérios ou gabinetes sectoriais defendam as suas propostas.

4. Na sequência dos pareceres do MOFED ou do BoFED, os planos são analisados e aprovados pelos respectivos CM ou CR.

5. Por último, as câmaras dos representantes do povo a nível federal e regional aprovam os planos. Com base no orçamento aprovado, é elaborado e executado um plano de ação pormenorizado. Apesar das limitações, no contexto da Etiópia, os três tipos de planos são: planeamento de políticas, planeamento estratégico (3-5 anos) e planeamento anual. Estes planos são efectuados a nível departamental, organizacional e nacional. Muito recentemente, a transferência orçamental (subsídios) do governo federal para as regiões e destas para os woredas foi afetada sob a forma de subvenções globais (apoio orçamental geral). Em seguida, cada região e woreda atribui este orçamento a actividades a que deram prioridade. A concorrência por um financiamento tão limitado é elevada. Devido ao elevado sentido de urgência em resolver os problemas da insegurança alimentar e da pobreza, foi dada mais atenção e apoio às actividades que têm um curto período de vida com retornos rápidos. Neste caso, a primeira prioridade foi para as culturas, enquanto a pecuária continua a ser o preenchimento de lacunas no processo de desenvolvimento.

5.9.5 Pessoal e orçamento

Os dados desagregados sobre os efectivos e os orçamentos relacionados com o gado são inexistentes ou incompletos. Esta situação deve-se em parte a sistemas de informação e comunicação deficientes. Apesar das limitações, existe um consenso geral de que a falta de pessoal, associada a uma elevada rotação do pessoal, continua a ser um problema crucial a todos os níveis. Durante esta primeira fase de recolha de dados, muitas regiões visitadas encontravam-se em fase de reorganização interna (regiões de Tigray, Oromya e Sul), o que afectou a estrutura de pessoal do subsector da pecuária. Por conseguinte, não era possível obter informações sobre os efectivos. Terão de ser recolhidas e analisadas informações suficientes sobre os efectivos do subsector da pecuária durante a segunda fase deste estudo de base. Apesar desta limitação, os dados administrativos obtidos do departamento de animais e veterinária do Ministério da Agricultura e do Desenvolvimento Rural revelaram que existem, no entanto, alguns números disponíveis relacionados com os serviços veterinários. O pessoal qualificado em saúde animal existente no país (veterinários, assistentes de saúde animal e técnicos de saúde animal) está estimado em 4.100, dos quais 93% trabalham no sector público e os restantes 7% no sector privado. Atualmente, existem mais de 3.800 trabalhadores no sector da saúde animal no país. Alguns woredas comunicaram a existência de 70 a 30% de postos não preenchidos. A dotação orçamental está muito aquém do que o subsector merece. Continua a ser difícil encontrar estatísticas sobre a dotação orçamental para o subsector da pecuária. Em particular, os orçamentos recorrentes são agregados a outros subsectores, o que torna difícil separar a componente pecuária. Existem apenas alguns números que reflectem a dotação do orçamento de capital para a pecuária. Por exemplo, em 1997/1998, o orçamento total de capital para a agricultura ascendeu a 250-200 milhões de ETB, com uma quota-parte da pecuária de cerca de 80-100 milhões de ETB. Globalmente, os orçamentos recorrentes estão estimados em 300-350 milhões de ETB para o sector no seu conjunto, com o sub-sector da pecuária a receber 65-75 milhões. As percentagens orçamentais da agricultura (10% do orçamento total do Governo) e da pecuária (25-30% dos orçamentos agrícolas) não reflectem claramente a sua importância e a sua contribuição para o PIB global. Os orçamentos regionais da agricultura e da pecuária são claramente mais importantes do que os orçamentos a nível federal. Cerca de 10% dos orçamentos regionais são afectados à agricultura, enquanto apenas 3-4% são afectados a nível federal. Do mesmo modo, cerca de 33% dos orçamentos agrícolas regionais são afectados à pecuária, em comparação com menos de 20% do orçamento federal. As regiões atribuem, assim, uma maior prioridade à pecuária, apesar de o ministério federal ter mantido a responsabilidade pelo NVI em Debre Zeit, o NAHRC em Sebeta e o NAIC em Kaliti, que absorvem a maior parte da dotação orçamental federal. Os orçamentos atribuídos aos gabinetes regionais são geralmente inferiores a metade do que é solicitado. Os orçamentos recorrentes não salariais estão aparentemente a sofrer mais do que o orçamento de capital sempre que há uma escassez de orçamento e cortes orçamentais. Os orçamentos de capital de projectos financiados externamente são menos vulneráveis a reduções orçamentais, uma vez que estão ligados a compromissos orçamentais escritos a longo prazo.

5.9.6 Empresas privadas e estatais relacionadas com o crédito e a comercialização

Antigamente, os bancos públicos concediam a maior parte do crédito aos agricultores e proprietários de gado. A maior parte dos empréstimos para o desenvolvimento da pecuária é concedida pelo Banco de Desenvolvimento da Etiópia e pelo Banco Comercial da Etiópia. A maioria dos empréstimos é garantida através de projectos apoiados por doadores (por exemplo, o PARC e o Projeto de Desenvolvimento de Cooperativas da Região Sul (SOCODEP) apoiado pelo FIDA), pelos Governos Regionais ou pelo sector privado, na parte mais elevada da escala de investimento, em que os investidores podem satisfazer os requisitos de garantias e de capital próprio. No extremo inferior, as instituições de microfinanças estão a crescer rapidamente desde que foi criado um quadro jurídico e regulamentar em 1996. O sector das microfinanças é relativamente jovem e a Associação das Instituições de Microfinanças da Etiópia (AEMFI) estimou o número de potenciais clientes em 6,2 milhões. Apesar do seu rápido crescimento num curto período de tempo, o sector ainda não conseguiu penetrar significativamente no mercado. Os principais fornecedores, 7 instituições de microfinanças apoiadas pelo Gov e 19 instituições privadas de microfinanças, serviam atualmente cerca de 1,2 milhões de clientes, o que corresponde a menos de 20% do mercado potencial. Em 1996, o empréstimo máximo era inferior a 5000 ETB, mas este valor aumentou agora para um empréstimo médio de 100.000 Birr. Os requisitos em matéria de garantias e de capital próprio são relativamente reduzidos. As actividades abrangidas pelas IMF são as empresas veterinárias e de saúde animal, os bois de trabalho, o apoio a criadores contratados fora das estações e os inseminadores de IA. O envolvimento do sector público tem-se limitado às áreas veterinária e sanitária e à disponibilização de mercados, matadouros e matadouros através das autoridades municipais e outras autoridades locais, enquanto o gado e a comercialização da carne são em grande parte geridos por operadores do sector privado. Os comerciantes locais de pequena escala e os talhantes locais são os compradores ao nível do mercado primário. Os animais são depois transportados informalmente, através das rotas de gado não servidas, para os mercados secundários. Os animais são novamente oferecidos aos comerciantes e talhantes distritais e regionais para consumo local ou para serem transportados em casco ou por transporte rodoviário para os mercados terminais dos grandes centros urbanos. Estima-se que 70% do gado que chega aos mercados de Adis Abeba passa por estas rotas informais. Não está em vigor um sistema de inspeção veterinária nem de autorizações de circulação dos animais comercializados. A saúde pública continua sempre em risco. Em resultado da política liberalizada do atual governo, foram privatizadas as empresas estatais relacionadas com a pecuária, tais como matadouros, fábricas de carne, curtumes e fábricas de artigos de couro. As fábricas de carne situam-se em Mekele, Kmobolcha, Shashemene e Dire Dawa, com um matadouro de exportação em Debre Zeit. Estas fábricas continuam a funcionar, mas a sua capacidade é insuficiente e não cumprem as normas internacionais.

III. Principais resultados e conclusões

Principais conclusões A Etiópia tem o maior efetivo pecuário de África. Existe também uma oportunidade lucrativa de mercado de exportação disponível para o subsector. No entanto, embora o desenvolvimento da pecuária tenha sido praticado desde o início do século, os benefícios obtidos com este enorme recurso nunca foram proporcionais ao potencial e às expectativas disponíveis. Apesar dos esforços envidados para tirar partido do potencial do recurso, a estagnação da produtividade e os resultados têm sido características peculiares do subsector. Como parte de uma resposta para inverter a situação de estagnação ou de desempenho lento da economia pecuária, o subsector foi submetido a várias reformas institucionais ao longo dos últimos anos. No entanto, nenhuma delas resultou nas mudanças estruturais esperadas no sistema de produção, no bem-estar dos pastores, nem no padrão de consumo ou no seu papel e lugar na economia nacional. Uma multiplicidade de factores contribuiu para uma economia pecuária sempre baixa e estagnada, sendo um fator crucial a falta de um ambiente institucional apropriado e adequado no âmbito do qual o subsector funciona.

Reconhecendo as grandes oportunidades de produção animal, juntamente com o potencial lucrativo e de nicho de mercado para os animais vivos e os produtos animais, por um lado, e o papel e a contribuição do subsector para a redução da pobreza e o crescimento económico, por outro, a ênfase dada ao desenvolvimento da pecuária tem vindo a aumentar. Estes compromissos do governo estão reflectidos nas suas várias políticas e planos nacionais e sectoriais. No passado, todas as políticas de desenvolvimento consideravam a pecuária como parte integrante da agricultura propriamente dita, que é sempre dominada pelas culturas.

5.9.7 As políticas económicas e sectoriais existentes com relevância e ainda válidas para o desenvolvimento da pecuária são resumidas a seguir:

• Primazia da redução sustentável da pobreza com um crescimento económico rápido e não volátil, tendo devidamente em conta o ambiente

• Transformação da agricultura de subsistência dos pequenos agricultores (pecuária) num sistema comercial, tendo devidamente em conta a proteção da segurança dos meios de subsistência dos agricultores pobres em recursos

• Orientação para o mercado que associa a produção agrícola (pecuária) à transformação e exportação de produtos agrícolas

• Intervenções de desenvolvimento baseadas na agro-ecologia e nas oportunidades económicas que garantam a especialização com diversificação

• Consideração do desenvolvimento da área pastoral/comunidade como um todo personalizado e integral

• Envolvimento e diálogo entre os sectores público e privado com vista a criar um ambiente mais propício às iniciativas do sector privado. Serviços governamentais, incluindo investigação, extensão, infra-estruturas, regulamentação, etc.

• Desenvolvimento de recursos humanos através de programas TVET e FTC

• Continuação das reformas no sentido da descentralização, da atribuição de poderes, da capacidade de resposta da função pública e do reforço das capacidades,

• Liberalização do mercado, incluindo no sector financeiro Embora as políticas acima mencionadas sejam importantes passos em frente, existem instrumentos políticos, leis e estruturas institucionais que continuam a ser importantes mas insuficientes para fazer avançar o desenvolvimento da pecuária no país. Estes são resumidos a seguir:

• Terra: O facto de a terra ser colocada sob propriedade e controlo do governo reflecte a supremacia ideológica sobre a importância socioeconómica da terra. Abrir a porta ao diálogo sobre escolas de pensamento alternativas que defendem sistemas de propriedade privada da terra vale muito para garantir a segurança, estimular o investimento e aumentar a produtividade e a riqueza. Além disso, embora quatro regiões tenham promulgado um código regional específico de utilização e administração da terra, outras ainda utilizam o quadro federal de política fundiária. Além disso, continua a ser necessário adotar políticas fundiárias específicas para o sistema de subsistência das terras altas e das terras baixas. Embora existam pontos comuns, o código regional da terra deve responder às variações regionais e sub-regionais. A cobertura geral complica, em vez de simplificar, o sistema de utilização e administração das terras.

• Mercado: Existem grandes oportunidades de mercado para o subsector da pecuária, mas a vantagem comparativa que prevalece no subsector não é transformada numa vantagem competitiva. Os factores da oferta e da procura, bem como as ligações horizontais e verticais, continuam por resolver.

• Extensão: Apesar dos esforços para desenvolver e difundir pacotes de extensão para o gado, e produzir e distribuir oficiais de campo treinados para o gado, a adoção e os impactos dos serviços de extensão são fracos quando comparados com outros produtos. Embora o governo esteja empenhado em libertar os extensionistas das funções administrativas, o seu empenhamento na distribuição de insumos, na administração do crédito e na administração ao nível dos kebele tem sido apreciado e intensificado pelos níveis inferiores do governo.

Esta situação tem o potencial de estragar a relação entre os agricultores e os extensionistas, o que, em última análise, compromete a eficácia e a sustentabilidade da transformação agrícola.

• Tecnologia: A investigação aplicada para gerar tecnologias e práticas adequadas de aumento da produtividade pecuária é geralmente classificada como baixa. O baixo nível de concentração, a inadequação do pessoal, a estrutura de incentivos baseada em soluções rápidas e a reduzida dotação orçamental para a investigação no domínio da pecuária agravam a situação. As responsabilidades vagas e as relações frouxas entre os institutos de investigação federais e regionais deixam intocadas algumas áreas temáticas importantes para a investigação, como é o caso da caraterização das raças locais.

• Insumos e serviços: os insumos (raças, materiais de plantação de forragens, equipamento de transformação e de armazenagem, medicamentos/vacinas, etc.) continuam a ser escassos, apesar do aumento da procura. Os centros governamentais de seleção e multiplicação de raças e de produção de sémen são extremamente ineficazes e, por conseguinte, não contribuem de forma líquida para a economia.

• Crédito: a política de crédito do país é liberal e não discriminatória. No entanto, a maior parte dos empréstimos agrícolas destina-se ao fornecimento de fertilizantes e sementes, uma parte significativa dos quais é concedida através do regime regional de garantia de crédito. Este tipo de empréstimo agrícola é, em grande parte, anual e sazonal, o que significa que as necessidades de empréstimo a médio e longo prazo do subsector da pecuária são pouco satisfeitas. Do ponto de vista dos agricultores e dos investidores, a elevada exigência de capital, o longo período de gestação, o mercado subdesenvolvido, combinados com a elevada exigência de garantias, tornam o subsector menos atrativo para a comercialização. As instituições de micro-finanças concedem pequenos empréstimos, que apenas servem para a aquisição de pequenos ruminantes pelos mais pobres. O alcance de todas as instituições financeiras nas zonas rurais é demasiado limitado.

• Ambiente propício: o ambiente propício ao desenvolvimento do sector privado na multiplicação e distribuição de raças e nos serviços de IA é quase totalmente inexistente e muito limitado nos serviços veterinários e de saúde animal. O governo ainda predomina na prestação de serviços de pecuária. Os factores que limitam o envolvimento do sector privado nesses serviços incluem a falta de uma política clara quanto ao tipo de serviços que devem ser prestados pelo sector privado, a falta de condições equitativas de concorrência e a ausência de uma estrutura de incentivos.

• Projeto de política de pecuária: embora se tenham registado alguns progressos, há ainda muito a fazer no que respeita a políticas abrangentes capazes de resolver os problemas do subsector.

• Legislação: a legislação em vigor no subsector limita-se à saúde animal e aos serviços veterinários. Não existe qualquer lei relativa ao manuseamento do leite e dos produtos lácteos e de outros produtos de origem animal. A legislação no domínio da saúde animal e dos serviços veterinários não só é inadequada, como também mal compreendida e aplicada pelos diferentes organismos de execução. A legislação em vigor em matéria de investimento e de comércio parece ser adequada e progressivamente actualizada para ter em conta os interesses e as exigências dos verdadeiros investidores. O diálogo entre os sectores público e privado constitui uma oportunidade para o fazer.

• Instituições: o sector agrícola, incluindo as instituições pecuárias, é o mais turbulento. A rotação dos altos funcionários responsáveis por estes sectores tem sido elevada. A mudança na estrutura organizacional está positivamente correlacionada com a rotação de funcionários. Cada novo funcionário chega ao sector com a sua própria filosofia e experiência e tende a formar a sua própria estrutura, avaliando pessoalmente a situação existente e resumindo que o que foi alcançado até então tinha pouco valor ou era deficiente. Os indivíduos ou grupos influentes determinam, portanto, a configuração institucional. Nalguns casos, trata-se de uma imposição do topo, ou seja, de uma decisão política. Em suma, a mudança frequente da estrutura organizacional resulta na perda de memória institucional e na necessidade de recriar tudo a partir do zero.

• Níveis de governo: O federalismo e a descentralização são aspectos positivos. Não deveriam ser à custa da ligação fictícia e da responsabilidade entre os diferentes níveis de governo - ministério federal, gabinetes regionais e gabinetes woreda responsáveis pela investigação e desenvolvimento da pecuária. No entanto, foi isto que efetivamente prevaleceu. Finalmente, o pensamento e as acções institucionais sobrepõem-se ao pensamento setorial e nacional.

• Coordenação: Existem múltiplas instituições de investigação, desenvolvimento, aprendizagem e regulamentação nos sectores público, privado e cívico com responsabilidades variadas, mas complementares. No entanto, estão mal coordenadas para visões e objectivos partilhados no desenvolvimento da pecuária. Em vez disso, a maioria das organizações maximiza os seus objectivos e influência sobre as outras. Em esforços complementares, no entanto, a excelência de algumas organizações não fará com que o desenvolvimento da pecuária dê um passo em frente. A existência mútua, a interdependência e a cooperação entre estas instituições relacionadas com a pecuária devem ser reconhecidas e sistematizadas. A coordenação inter e intra continua a ser reduzida.

• Acompanhamento e avaliação: O DERP contribuiu para melhorar o sistema de acompanhamento e avaliação nos sectores da pobreza, mas no sector da agricultura, incluindo a pecuária, as mudanças foram muito lentas. A intervenção continua a basear-se em actividades e não em resultados, o que não permite medir os impactos e informar os processos de decisão e planeamento das políticas. Conclusão (questões emergentes) De todo o trabalho de diagnóstico e análise, podem ser retiradas as seguintes conclusões como questões emergentes: Um conjunto de políticas e estratégias governamentais existentes só poderia servir de orientação geral para o desenvolvimento da pecuária, mas seria inadequado para responder às necessidades e condições específicas do subsector da pecuária. Mesmo o valor acrescentado trazido pelo projeto de política pecuária continua a ser vago; não mostra claramente os instrumentos ou medidas políticas específicas. Por conseguinte, deixa dúvidas quanto à sua aprovação. O seu valor acrescentado pode estar apenas relacionado com o facto de reunir as tentativas políticas fragmentadas.

2. Um ambiente ainda mais propício

Os quadros jurídicos gerais existentes nos domínios do investimento, do comércio e do crédito são relevantes para o desenvolvimento da pecuária, mas são ainda menos flexíveis e atractivos. Será necessário criar um ambiente mais propício (requisitos e incentivos simplificados), específico para a pecuária.

3. Instabilidade institucional e ineficácia

A ligação institucional formal entre o governo federal, o governo regional e o woreda é inexistente e, por conseguinte, não existem mecanismos directos ou regulares de planeamento, revisão e apresentação de relatórios ao longo dos três níveis de governo. A criação de instituições relacionadas com a pecuária e a definição da sua estrutura organizacional também mudam com tanta frequência que são incapazes de servir as melhores necessidades de desenvolvimento do subsector. A estrutura da função pública não está isolada da estrutura política. Embora a descentralização seja uma oportunidade, a sua implementação tem sido comprometida pela fraca capacidade, particularmente ao nível das bases. Os esforços de vários actores na investigação e desenvolvimento da pecuária são menos reconhecidos, coordenados e motivados (persiste uma abordagem fragmentada). Mesmo a política existente e o quadro jurídico pertinente para a pecuária são pouco conhecidos pelos organismos reguladores e de execução.

CAPÍTULO 6
SECTOR DA PECUÁRIA E ESTRATÉGIA DE DESENVOLVIMENTO

6.1 O objetivo do LSDS

O objetivo global da LSDS é contribuir para o crescimento global do PIB, para os rendimentos nacionais e das famílias e para o crescimento das receitas de exportação. A estratégia facilitará a realização dos objectivos do TDV 2025, da ASDS e do NSGRP no que se refere à redução da pobreza. O NSGRP e a ASDS procuram melhorar a qualidade dos meios de subsistência de todos os tanzanianos através de vários programas, incluindo o Programa de Desenvolvimento do Sector Agrícola (ASDP) de 2006. Embora a pobreza continue a ser generalizada na Tanzânia, com cerca de 50% da população a viver abaixo do limiar de pobreza, esta diminuiu ligeiramente nos últimos 10 a 15 anos. De 1991/92 a 2000/01, a pobreza alimentar diminuiu de 22% para 19%, enquanto a pobreza associada às necessidades básicas diminuiu de 36% para 30%. A redução da pobreza para metade até 2015 exigirá um crescimento anual do PIB de pelo menos 6-7%. Uma vez que a venda de produtos alimentares e de culturas de rendimento representa cerca de 70% dos rendimentos rurais, grande parte dos esforços de redução da pobreza deve ser orientada para a melhoria do desempenho do sector agrícola. O Banco Mundial (citado por IFPRI, 2007) estima que cada aumento de 10% no rendimento das culturas conduz a uma diminuição de 9% na percentagem de pessoas que vivem com menos de 1 dólar americano por dia. Assim, para que a agricultura tenha um impacto significativo na redução da pobreza, o NSGRP prevê uma taxa de crescimento de cerca de 9% para o subsector da pecuária, enquanto a ASDS prescreve um crescimento de 5%. Os sistemas agrícolas mistos em que a criação de gado desempenha um papel importante na subsistência das famílias demonstraram ser mais resistentes em caso de insegurança alimentar ocasionada pela seca e, de um modo geral, contribuem significativamente para a redução da pobreza, a agricultura biológica e a sustentabilidade ambiental. Várias disposições institucionais desenvolvidas no âmbito do ASDP, especialmente a elaboração participativa de planos de desenvolvimento distrital

(DADPs) pelas autoridades governamentais locais (LGAs) e as lições aprendidas até à data com a implementação do ASDP e a descentralização por devolução (D by D) serão fundamentais para a implementação bem sucedida da LSDS. A LSDS será, portanto, implementada no quadro mais amplo do NSGRP, popularmente conhecido como MKUKUTA, e actuará como um estímulo específico para o bem-estar socioeconómico de todos os agregados familiares criadores de gado no país. A formulação do LSDS baseia-se na Visão, Missão e Objectivos do PNL.

A visão baseia-se no TDV 2025, que estabelece que

"Até ao ano 2025, deverá existir um sector pecuário que, em grande medida, seja gerido comercialmente, moderno e sustentável, utilizando gado melhorado e altamente produtivo para garantir a segurança alimentar, a melhoria do rendimento das famílias e da nação, conservando simultaneamente o ambiente." A missão é: "Assegurar que os recursos pecuários sejam desenvolvidos e geridos de forma sustentável para o crescimento económico e a melhoria dos meios de subsistência".

6.2 Objectivos do LSDS

O objetivo geral do EDAL é desenvolver uma indústria pecuária competitiva e mais eficiente que contribua para a melhoria dos meios de subsistência de todos os criadores de gado e da economia nacional. Os objectivos específicos do EDAL, tal como definidos no PNL, são os seguintes

(i) Contribuir para a segurança alimentar nacional através do aumento da produção, transformação e comercialização de produtos pecuários para satisfazer as necessidades nutricionais nacionais;

(ii) Melhorar o nível de vida das pessoas que trabalham no sector da pecuária através do aumento dos rendimentos provenientes da pecuária;

(iii) Aumentar a quantidade e a qualidade do gado e dos produtos animais como matérias-primas para a indústria local e para a exportação;

(iv) Promover a utilização e a gestão integradas e sustentáveis dos recursos naturais relacionados com a produção animal, a fim de alcançar a sustentabilidade ambiental;

(v) Promover a produção de alimentos de origem animal seguros e de qualidade, a fim de salvaguardar a saúde dos consumidores; Os objectivos da EDSL acima referidos serão alcançados através do desenvolvimento de uma estratégia coerente, holística e integrada para o sector pecuário, a fim de implementar o PNL, bem como da definição das funções e responsabilidades de todas as partes interessadas e da facilitação da coordenação, acompanhamento e avaliação das intervenções de desenvolvimento do sector pecuário. A EDSL constitui um quadro para outras iniciativas coordenadas no sector. A escolha dos pontos da estratégia foi inevitavelmente influenciada pelas questões levantadas no PNL. O quadro estratégico foi concebido para ter em conta a situação existente, em que o sector privado é o principal interveniente, mas também a coordenação com a administração local e as funções do sector público, tal como referido no PNL. A estratégia é abrangente no contexto de todo o ecossistema do país, mas tem flexibilidade suficiente para poder capitalizar as preferências zonais e as vantagens comparativas. A EDEL reconhece a importância dos vários sistemas de produção animal no país. O objetivo estratégico da EDSL é utilizar as oportunidades disponíveis, incluindo a transformação do papel tradicional do gado em várias comunidades e o conhecimento indígena associado em práticas comerciais de uma forma ambientalmente sustentável. Enquanto o aumento da produtividade do gado nos vários sistemas de produção é geralmente visto como uma questão importante a ser abordada devido à baixa produtividade atualmente registada, outros assuntos relacionados com o desenvolvimento do gado e outros assuntos relacionados precisam de ser abordados num quadro holístico, aproveitando a sinergia dos papéis dos sectores público e privado, tal como defendido no PNL. A estratégia adopta uma abordagem de cadeia de valor ao abordar os papéis dos vários intervenientes na produção, transformação, comercialização e consumo, juntamente com o seu ambiente externo e os seus parceiros de fronteira, tal como se descreve a seguir: As questões a abordar ou a visar estão agrupadas em seis áreas de intervenção estratégica, como se segue:

(i) Utilização sustentável da terra, da água, das pastagens e dos prados;

(ii) Investimentos e financiamento dos sectores público e privado para melhorar a produtividade e a eficiência da cadeia de valor da pecuária (produção, comercialização e transformação);

(iii) Controlo das doenças dos animais e saúde pública;

(iv) Serviços de desenvolvimento da pecuária (investigação, formação, informação, serviços de extensão, reforço das capacidades, capacitação dos agricultores e infra-estruturas conexas);

(v) Governação, disposições regulamentares e institucionais;

(vi) Questões transversais e intersectoriais.

SERVIÇOS DE APOIO:

Ministério responsável pela pecuária, LGAs, ONGs, CBOs

A nível de investigação, a LSDS encoraja uma abordagem participativa de desenvolvimento comunitário. Desta forma, os Conselhos Distritais ou Autoridades Governamentais Locais (LGAs) e as comunidades serão ajudados na sua capacidade de planear e implementar intervenções apropriadas para lidar com os constrangimentos percebidos localmente no sector pecuário. Será dada ênfase à participação do sector privado na produção, no acréscimo de valor, nos sistemas de prestação de cuidados de saúde animal e na comercialização de animais e produtos animais. Sempre que necessário, será prestada formação e outras formas de assistência para reforçar as capacidades.

6.3 DOMÍNIOS ESTRATÉGICOS PARA O DESENVOLVIMENTO DA PECUÁRIA
6.3.1 Área de Intervenção Estratégica 1: Utilização sustentável da terra, da água, das pastagens e das terras de pastagem

A terra, a água e as pastagens são os principais recursos que sustentam este vasto sistema de produção animal. Atualmente, apenas 40% das terras de pastagem estão disponíveis para o pastoreio do gado, sendo o resto inacessível devido à infestação da mosca tsé-tsé ou à falta de recursos hídricos adequados. A redução contínua das terras de pastagem devido à pressão demográfica e à conversão das zonas de pastagem tradicionais noutras utilizações da terra condiciona fortemente a sustentabilidade do sistema de produção animal extensiva. Além disso, o conflito entre os agricultores e os criadores de gado migrantes em busca de água e pastagens tem sido um problema persistente em muitas regiões e distritos do país. A fim de ultrapassar estes problemas e aumentar a produtividade do sistema de produção extensiva, a gestão das pastagens será melhorada através das seguintes estratégias e intervenções:

6.3.1.1 Disponibilização de terras demarcadas para a produção animal

O planeamento e a utilização dos recursos terrestres são importantes para o controlo e a atribuição dos recursos terrestres. Seguem-se as estratégias necessárias para manter a utilização da terra e reduzir os conflitos entre os utilizadores dos recursos terrestres:

Intervenções estratégicas:

(i) Finalizar a legislação relativa às terras de pastagem e aos recursos alimentares dos animais;

(ii) Estabelecer mecanismos de coordenação para o ordenamento do território entre os diferentes

Ministérios a nível nacional e local;

(iii) Reforçar a capacidade das LGAs e dos ministérios sectoriais (MLHS, MAFS, MLFD) para levar a cabo o planeamento da utilização dos solos e da gestão dos recursos;

(iv) Facilitar a preparação de planos de gestão para as zonas retiradas da produção e gazetadas para utilização pecuária;

(v) Reforçar a capacidade da LGA para efetuar levantamentos de terras, demarcar e racionalizar a atribuição de terras a utilizar pelos pastores e agro-pastores a um custo acessível;

(vi) Reforçar a capacidade das LGAs na identificação e atribuição de terrenos para promover a criação de gado periurbano;

(vii) Iniciar a planificação participativa do uso da terra a nível das aldeias em todos os distritos;

(viii) Reforçar as capacidades e habilitar as comunidades de criadores de gado a adquirir e gerir as terras de pastagem;

6.3.1.2 . Posse de terras destinadas a criadores de gado

A demarcação de terras para uso pecuário, por si só, não é um incentivo adequado para o desenvolvimento da terra. São necessárias estratégias para resolver os problemas de posse da terra.

Intervenções estratégicas:

(i) Sensibilizar as partes interessadas do sector pecuário e outros utilizadores de terras para a Lei de Terras e a Lei de Terras de Aldeia de 1999 e a Lei de Utilização de Terras n.º 6 de 2007;

(ii) Permitir que as aldeias apliquem a Lei sobre as terras das aldeias. 5 de 1999 e a Lei n.º 6 de 2007 relativa à utilização das terras;

(iii) Fornecer contratos de arrendamento ou títulos de propriedade aos criadores de gado com terras que lhes tenham sido vistoriadas e atribuídas.

6.3.1.3 . Controlo da incursão de pastores dos países vizinhos em Grazingland

Intervenções estratégicas:

(i) Aplicar a legislação em vigor relativa à entrada de gado no país sem autorização;

(ii) Construir, equipar e tornar operacionais postos fronteiriços dotados de efectivos policiais para controlar a circulação transfronteiriça de animais;

(iii) Reforçar o departamento de imigração nas fronteiras para travar a incursão de pastores dos países vizinhos;

(iv) Estabelecer e operacionalizar o sistema nacional de identificação e rastreabilidade do gado.

6.3.1.4 Fornecimento de água adequada para o gado

A variação sazonal e geográfica da disponibilidade de pastagens e água para o gado determina, em grande medida, o nível de produção que pode ser alcançado. O gado nos sistemas pastoris e agro-pastoris migra frequentemente em busca de pastagens e água. São necessárias estratégias para melhorar a disponibilidade de água, de modo a reduzir a migração do gado em busca de água.

Intervenções estratégicas:

(i)   Identificar as necessidades dos pastores e dos agro-pastores em termos de infra-estruturas (barragens de água, poços, mercados de gado);

(ii)   Construir e manter barragens de carvão, furos, poços pouco profundos e bebedouros para fornecer água ao gado;

(iii)   Criar sistemas de recolha de águas pluviais para melhorar a disponibilidade de água para o gado durante a estação seca;

(iv)   Desenvolver orientações para a partilha de custos e a utilização de infra-estruturas pecuárias reabilitadas/desenvolvidas;

(v)   Sensibilizar os criadores de gado para contribuírem para o custo da reabilitação de barragens, poços de água, conservação de bacias hidrográficas e áreas de captação de água;

(vi)   Estabelecer e aplicar estatutos para a conservação das zonas de captação de água em todas as aldeias e LGAs;

(vii)   Desenvolver e institucionalizar um sistema de alerta precoce de secas e inundações e de escassez iminente de água para o gado.

5.3.1.5 Utilização sustentável das pastagens e das terras de pastagem

(i)   Efetuar um inventário das pastagens disponíveis e atualizar a capacidade de carga das várias pastagens e elaborar orientações para a sua utilização;

(ii)   Promover e apoiar as organizações de agricultores pastoris e agro-pastoris;

(iii)   Promover a produção e a utilização de pastagens melhoradas;

(iv)   Promover a criação de explorações de sementes de pastagens, incluindo sementes de pastagens irrigadas;

(v) Promover a conservação das forragens sob a forma de feno, silagem;

(vi) Efetuar uma avaliação do impacto ambiental antes de os animais serem deslocados de uma zona para outra.

6.3.2 Área de Intervenção Estratégica 2: Investimentos e Financiamento do Sector Público/Privado para a Melhoria da Produtividade e Eficiência da Cadeia de Valor da Pecuária (Produção, Comercialização e Transformação)

A comercialização do sector pecuário exigirá principalmente investimentos do sector privado, enquanto o Governo, em conformidade com o PNL, desempenhará um papel de apoio na criação de um ambiente regulamentar e de serviços conducente a uma participação eficaz e competitiva do sector privado na produção, transformação e comercialização de gado e de produtos pecuários a nível local, regional e mundial. O Governo efectuará investimentos em áreas estratégicas fundamentais de natureza de bens públicos.

6.3.2.1 Investimento e financiamento do desenvolvimento da pecuária

A produção, transformação e comercialização de gado no país são condicionadas por mecanismos de financiamento inadequados e por um financiamento insuficiente. De acordo com os dados disponíveis, o investimento do sector público no sector da pecuária não reflecte a contribuição do sector para o PIB. Além disso, os investimentos comerciais privados no sector da pecuária são baixos em comparação com outros sectores da economia. Quando existe crédito, este é concedido a curto prazo e a uma taxa de juro elevada. O desafio consiste em disponibilizar ao sector pecuário financiamento público e crédito a longo prazo a preços acessíveis, o que aumentará a acessibilidade aos recursos financeiros para investimento no sector pecuário.

Intervenções estratégicas:

(i) Proporcionar um ambiente favorável (impostos, regulamentação) ao investimento do sector privado na indústria pecuária;

(ii) Fornecer uma garantia governamental para que os bancos comerciais privados possam conceder empréstimos aos agricultores;

(iii) Utilizar a lei sobre a locação financeira de 2008 para promover o investimento no sector através da locação financeira, com especial destaque para permitir que as explorações leiteiras privatizadas e as novas explorações comerciais, as fábricas de carne e os curtumes funcionem de acordo com a sua capacidade e de forma competitiva;

(iv) Assegurar o financiamento através de empréstimos do governo junto de bancos de crédito internacionais, tais como o Banco Africano de Desenvolvimento, para financiar um Programa de Desenvolvimento do Sector Pecuário abrangente em áreas prioritárias chave a nível nacional e distrital, em conformidade com a descentralização através da política de devolução;

(v) Apoiar a criação de um banco nacional de investimento para conceder empréstimos a longo prazo para investimentos no sector pecuário em condições acessíveis;

(vi) Promover e apoiar a criação de associações de poupança e de crédito de base para as partes interessadas do sector pecuário;

(vii) Facilitar o estabelecimento de uma ligação entre as instituições de microfinanciamento e o banco nacional de investimento;

(viii) Estabelecer uma ligação entre os grupos de actores da pecuária de base e as instituições de microfinanciamento;

(ix) Promover a concessão de crédito em espécie sob a forma de factores de produção para o desenvolvimento da pecuária e de regimes de confiança para a pecuária (Heifer in Trust, Goat in trust schemes) em colaboração com ONG e organizações de agricultores estabelecidas;

(x) Promover a criação de regimes de seguro dos animais e a utilização dos animais segurados como garantia;

(xi) Promover o investimento e a utilização de máquinas e equipamentos para as explorações pecuárias;

(xii) Promover o investimento e a utilização de raças de gado melhoradas e de práticas de criação que reduzam o risco de perda de animais devido a doenças, predadores, condições climatéricas adversas, etc.

6.3.2 2. Melhoria da produção e da produtividade da pecuária

O baixo desempenho produtivo e reprodutivo das raças autóctones e melhoradas de bovinos para carne, bovinos para leite, ovinos e caprinos para carne, caprinos para leite, aves de capoeira, suínos, búfalos de água, camelos, animais não convencionais para carne (por exemplo, pintadas, patos, perus, coelhos) pode ser melhorado através de várias medidas, incluindo a adoção de programas de criação adequados, o registo e a seleção com base no desempenho, o controlo de doenças, uma melhor alimentação e uma utilização óptima dos recursos alimentares disponíveis. Serão realizadas as seguintes intervenções estratégicas a fim de alcançar os objectivos mais amplos de melhoria da produtividade dos animais por unidade de gado, terra e mão de obra.

(i) Desenvolver e adotar uma política nacional de criação de gado;

(ii) Promover a inventariação, caraterização, avaliação e seleção de todos os tipos de espécies pecuárias convencionais e não convencionais para aumentar a produtividade e a conservação;

(iii) Reforçar as Unidades de Multiplicação Pecuária (UPM) existentes para bovinos de carne, bovinos leiteiros, búfalos de água e criar novas unidades para camelos e cabras leiteiras, de modo a que se tornem centros de transferência de tecnologia e fontes de germoplasma de qualidade que beneficiem os pequenos agricultores vizinhos;

(iv) Estabelecer as necessidades de recursos humanos para os serviços de IA em cada distrito e lançar um programa de formação para satisfazer as necessidades de mão de obra para um sistema eficaz de prestação de serviços de IA no terreno;

(v) Promover a criação de unidades de multiplicação de gado para cabras leiteiras, ovelhas, búfalos de água e carneiros;

(vi) Incentivar o estabelecimento de explorações de criação de aves de capoeira de qualidade e de instalações de incubação pelo sector privado;

(vii) Promover a criação de explorações de suinicultura;

(viii) Reforçar o Centro Nacional de Inseminação Artificial (NAIC) e estabelecer instalações adicionais de nitrogénio líquido em pequena escala e sub-centros de IA nas zonas oriental, meridional, das terras altas do sul e central;

(ix) Elaborar directrizes e incentivos que facilitem a importação de germoplasma de qualidade superior (sémen, animais reprodutores);

(x) Desenvolver e reforçar a capacidade das autarquias locais e dos prestadores de serviços privados para prestar serviços de IA no terreno (inseminação, diagnóstico de gravidez);

(xi) Desenvolver incentivos, incluindo a subvenção do custo da prestação de serviços de arquivo de IA nas zonas rurais pelo sector privado;

(xii) Promover a aplicação de técnicas modernas de melhoramento genético, como a MOET (técnica de transferência de embriões);

(xiii) Incentivar a formação de sociedades de criadores de bovinos de carne, bovinos de leite, caprinos de leite, suínos e aves de capoeira;

(xiv) Iniciar um sistema nacional de registo e seleção através de sociedades de criadores para bovinos de carne, bovinos e caprinos leiteiros, suínos e aves de capoeira;

(xv) Promover a produção de alimentos de qualidade para animais e a utilização pelo sector privado de matérias-primas e aditivos para alimentos para animais disponíveis localmente;

(xvi) Promover o pastoreio zero e outras práticas de criação respeitadoras do ambiente para os pequenos criadores de gado leiteiro e de cabras leiteiras;

(xvii) Formar e sensibilizar os agricultores de sistemas de produção extensivos para a utilização de taxas de encabeçamento adequadas em função da capacidade de carga das terras;

(xviii) Incentivar os agricultores a adotar os sistemas de confinamento para a engorda de bovinos de carne e de outros animais de carne de idade apropriada antes do abate;

(xix) Promover a conformidade com o bem-estar dos animais;

(xx) Promover a utilização de tecnologias adequadas, como a energia de tração animal, a energia solar e a energia eólica, na indústria pecuária e na proteção do ambiente contra os efeitos adversos da dependência de fontes de energia não renováveis;

(xxi)   Promover o investimento e a utilização de máquinas e equipamentos para as explorações pecuárias;

6.3.2.3 Melhoria da transformação e comercialização de gado e de produtos animais

Para satisfazer a visão do Governo e de outras partes interessadas de um sector pecuário sustentável e gerido comercialmente, é necessária uma mudança das práticas pastoris e agro-pastoris de subsistência para métodos de produção pecuária de pequena, média e grande escala orientados para o mercado. Para garantir a sustentabilidade, os agricultores que produzem para o mercado devem satisfazer a procura dos consumidores em termos de quantidade, qualidade e segurança do gado e dos produtos animais. Em conformidade com o PNL, espera-se que o sector privado desempenhe um papel importante na melhoria da transformação comercial, da comercialização e da promoção do consumo de carne e produtos à base de carne, leite e produtos lácteos e ovos que satisfaçam as exigências de qualidade e segurança dos consumidores nos mercados convencionais e de nicho e para exportação. Para atingir este objetivo, o governo, em colaboração com várias partes interessadas, adoptará as seguintes intervenções estratégicas

a)   Os pequenos produtores de gado estão mal organizados, o que resulta num baixo poder de negociação, limitando os seus preços de venda, e em custos de transação elevados que limitam a rentabilidade tanto para os produtores como para os compradores. É necessário reforçar as organizações existentes e formar novas organizações onde elas não existem para aumentar a eficiência e reduzir os custos de transação associados a pequenos volumes de produtos comercializados por produtores individuais.

Intervenções estratégicas:

(i) Prestar apoio às associações de criadores de gado a nível nacional (Associação de Produtores de Leite da Tanzânia (TAPRODA), Associação de Transformadores de Leite da Tanzânia (TAMPA)) para a criação e o reforço de associações de diferentes intervenientes nas cadeias de produção animal (grupos de produtores, grupos de comerciantes, grupos de transformadores) a nível das aldeias e dos distritos;

(ii) Promover a criação de associações de transformadores de carne e de produtos lácteos e de consumidores a nível distrital e nacional;

(iii) Apoiar a formação de grupos/associações em matéria de competências de organização e gestão;

(iv) Facilitar o desenvolvimento de modelos de comercialização de produtos animais para grupos de pequenos produtores de gado.

b) Acrescento de valor/transformação para melhorar o prazo de validade dos produtos animais e satisfazer as exigências dos mercados pecuários.

De um modo geral, os pequenos produtores pecuários apresentam um baixo valor acrescentado e técnicas de transformação deficientes, o que resulta em produtos pecuários que não satisfazem as exigências do mercado, incluindo a qualidade dos produtos de mandioca. É necessário apoiar a adição de valor/transformação para prolongar o prazo de validade e satisfazer as exigências dos compradores.

Intervenções estratégicas:

(i) Apoiar os investimentos do sector privado no fabrico de equipamento de transformação e na produção de materiais de embalagem para vários produtos animais;

(ii) Criar um quadro regulamentar e administrativo favorável aos investimentos do sector privado nos sectores da carne, do leite, dos couros e peles, de outros produtos animais (por exemplo, ovos) e da transformação e comercialização de subprodutos;

(iii) Promover a engorda dos animais antes da venda para aumentar o seu valor;

(iv) Promover a classificação dos animais vendidos nos mercados primários e secundários de gado;

(v) Conceber e promover a criação de matadouros normalizados para bovinos, ovinos e caprinos e instalações de abate modernas e separadas para suínos e aves de capoeira nas zonas rurais e nos centros distritais;

(vi) Promover a transformação em pequena escala, especialmente nas zonas rurais, onde não existem grandes instalações para ligar os agricultores aos mercados.

c) Ligar os pequenos produtores de gado e melhorar o seu acesso aos mercados de produtos animais Os pequenos produtores de gado não dispõem de informações adequadas sobre os mercados para os seus produtos, estão mal ligados e têm um acesso deficiente a esses mercados. São necessárias intervenções para os ligar a vários intervenientes a jusante e melhorar o seu acesso aos mercados de gado.

Intervenções estratégicas:

(i) Facilitar o estabelecimento de ligações comerciais contratuais entre grupos de produtores/transformadores de gado e compradores de gado e de produtos animais;

(ii) Apoiar a formação de grupos/associações de produtores de gado em matéria de comercialização de grupo, de competências empresariais e de manuseamento dos produtos (embalagem, rotulagem);

(iii) Reabilitar as explorações pecuárias, os pontos de abeberamento, as rotas de transporte de gado e os mercados de gado, os matadouros e os matadouros;

(iv) Promover a criação de centros de recolha e refrigeração de leite nas zonas rurais.

d) Garantir a qualidade do gado para satisfazer as normas dos mercados de exportação de nicho Apesar da grande população pecuária, as exportações de produtos pecuários da Tanzânia são marginais devido à sua incapacidade de satisfazer as normas de qualidade rigorosas dos mercados de exportação. As intervenções necessárias para melhorar as exportações de gado e de produtos de origem animal são as seguintes

- Estabelecer zonas livres de doenças dos animais para promover a exportação de gado e de produtos animais; Desenvolver e apoiar a aplicação de um sistema de identificação, registo e rastreabilidade dos animais Formular e aprovar legislação que preveja a identificação e a rastreabilidade dos animais; - Criar um registo nacional de animais e um banco de dados de rastreabilidade;

Estabelecer e reforçar os serviços de inspeção da qualidade e da segurança alimentar para a carne, o leite e os couros e peles

e) Promover o consumo local de produtos de origem animal

A procura local de produtos de origem animal é geralmente baixa no país. Os níveis de consumo de quase todos os produtos animais estão muito abaixo dos níveis recomendados pela FAO. As intervenções necessárias para promover o consumo interno de produtos animais produzidos localmente são as seguintes Realizar campanhas regulares de promoção e sensibilização dos consumidores para os lacticínios, a carne e os ovos; Regulamentar a importação de carne e produtos à base de carne, leite e produtos lácteos, ovos e outros produtos animais; Estabelecer programas de alimentação escolar com leite para expandir o mercado do leite produzido localmente.

6.3.3 Área de Intervenção Estratégica 3: Controlo das doenças dos animais e saúde pública

O sector da pecuária na Tanzânia é limitado por um certo número de doenças do gado, incluindo as que afectam a população humana e as que são partilhadas com as populações de animais selvagens. A capacidade de lidar com doenças epidémicas e endémicas, infecciosas e não infecciosas, depende da força dos serviços veterinários. O controlo das doenças animais transfronteiriças (DTA), das doenças de importância económica e das doenças zootécnicas é a principal responsabilidade do Ministério do Desenvolvimento Pecuário. A capacidade de monitorizar e conduzir a vigilância da saúde e da produtividade das populações animais e de monitorizar os atributos sanitários dos produtos animais e dos produtos biológicos veterinários pode ser exequível se os serviços veterinários forem apoiados por políticas e estratégias sólidas.

A Tanzânia corre o risco de introdução de doenças exóticas e emergentes que são de grande importância económica e podem também afetar a saúde humana, como a febre do Vale do Rift (FVR), a gripe aviária altamente patogénica, a peste dos ruminantes (PPR), a febre de Marbugh (Ébola), etc. Os serviços de inspeção zoossanitária são necessários para prevenir a introdução e a propagação de doenças através da circulação de animais e de produtos animais. O sistema de laboratórios veterinários inclui o laboratório nacional e os laboratórios zonais, estrategicamente localizados para prestar apoio técnico à vigilância das doenças, ao diagnóstico, ao controlo da qualidade e à supervisão das campanhas de vacinação no terreno. É necessária uma saúde pública veterinária e uma segurança alimentar (VPHFS) sólidas e fortes para lidar com a monitorização e o controlo das doenças zoonóticas e da qualidade dos produtos animais, com vista a salvaguardar a saúde humana.

6.3.3.1 Melhorar o controlo das doenças dos animais e proteger a saúde pública

O PNL colocou a tónica numa série de áreas, incluindo a prestação de serviços de saúde animal, que visam o controlo, a erradicação e a prevenção de doenças animais. O controlo das doenças animais transfronteiriças (DTA), das doenças de importância económica e das doenças zoonóticas é considerado uma responsabilidade do Governo, enquanto o controlo das doenças não relacionadas com as DTA é da responsabilidade do sector privado e de outras partes interessadas. Ao aperceber-se do impacto das doenças animais na produtividade do gado e na saúde humana, são necessárias estratégias para as enfrentar.

Intervenções estratégicas:

(i) Tornar o controlo das doenças animais transfronteiriças um bem público e o governo deve contribuir com os seus recursos para o seu controlo;

(ii) Estabelecer mecanismos de participação conjunta do ministério responsável pela pecuária e do ministério responsável pela saúde no controlo das doenças zoonóticas;

(iii) Estabelecer mecanismos para que os sectores público e privado partilhem a responsabilidade de controlar as doenças infecciosas não transfronteiriças;

(iv) Estabelecer comités técnicos consultivos para lidar com surtos de doenças de grande impacto económico e de interesse para a saúde pública;

(v) Estabelecer um mecanismo de subvenção das actividades de controlo das carraças e das doenças transmitidas por carraças;

(vi) Reforçar a capacidade do sistema de laboratórios veterinários para efetuar a vigilância no país;

(vii) Permitir que as instituições de investigação pecuária investiguem o papel dos conhecimentos técnicos indígenas (ITK) na medicina etno-veterinária;

(viii) Disponibilizar vacinas para as principais epizootias em todo o país em caso de surto;

(ix) Assegurar o controlo eficaz de outros ectoparasitas;

(x) Estabelecer um sistema de controlo dos helmintos e da helmitose;

(xi) Implementar a erradicação da tsé-tsé e da tripanossomíase de acordo com a Campanha Pan-Africana de Erradicação da Tsé-tsé e da Tripanossomíase (PATTEC);

(xii) Estabelecer um sistema de alerta precoce de doenças e uma unidade de preparação para situações de emergência para lidar com epizootias de doenças de grande importância económica e para a saúde pública;

(xiii) Harmonizar as políticas nacionais e internacionais de controlo e erradicação das doenças animais transfronteiriças;

(xiv) Elaborar e aplicar directrizes e códigos de conduta para os profissionais e veterinários dos serviços públicos, semi-privados e privados;

(xv) Desenvolver e aplicar directrizes para os sistemas de informação veterinária e de comunicação de surtos de doenças, incluindo as obrigações dos médicos privados, desde a aldeia até ao nível nacional, através dos centros de informação veterinária e dos gabinetes DLDO em todo o país.

6.3.3 2 Programas de vacinação obrigatória

A vacinação é um dos principais meios de controlo das doenças infecciosas dos animais. A falta de programas de vacinação não só leva à propagação de muitas doenças epizoóticas em todo o país, como também conduziu a custos elevados de controlo dessas doenças. São necessárias intervenções estratégicas para resolver os problemas de vacinação:

Intervenções estratégicas:

(i) Estabelecer programas anuais obrigatórios de vacinação contra as doenças de importância económica e as que afectam a saúde humana;

(ii) Estabelecer os estatutos da LGA para reger as vacinações anuais obrigatórias;

(iii) Permitir que as autoridades reguladoras responsáveis pela inspeção dos medicamentos veterinários efectuem uma inspeção regular dos medicamentos veterinários em todas as LGAs.

6.3.3.3 Fornecimento de medicamentos e vacinas veterinários de qualidade e a preços acessíveis

Os constrangimentos que se colocam ao controlo das doenças animais incluem, entre outros, a indisponibilidade de medicamentos veterinários, medicamentos caros e medicamentos de má qualidade. São necessárias estratégias para assegurar o fornecimento adequado de medicamentos veterinários de qualidade e a preços acessíveis:

Intervenções estratégicas

(i) Introduzir uma isenção do IVA e do imposto de exercício para os produtos farmacêuticos e biológicos veterinários, tal como acontece com os factores de produção agrícolas;

(ii) Facilitar o desenvolvimento de melhores vacinas por parte das instituições de investigação que se ocupam da investigação no domínio da saúde animal e da biotecnologia;

(iii) Reforçar a capacidade do sector privado para importar ou fabricar medicamentos veterinários e vacinas adequados no país;

(iv) Apoiar o sector privado na criação de lojas de medicamentos veterinários para as zonas do interior;

(v) Permitir que o Laboratório Veterinário Central tenha capacidade para produzir vacinas contra as epizootias importantes.

6.3.3.4 Melhoria da prestação de serviços de saúde animal

A prestação de serviços de saúde animal depende da disponibilidade de um conjunto de prestadores de serviços qualificados a nível das bases. Em muitas das LGAs há uma escassez aguda desse quadro de prestadores de serviços. Por conseguinte, são necessárias intervenções estratégicas para colmatar esta escassez.

Intervenções estratégicas:

(i) Criar uma reserva de trabalhadores no domínio da saúde animal através da formação de pessoal aos níveis de certificado, diploma e licenciatura;

(ii) Permitir que o Governo local empregue trabalhadores qualificados no domínio da saúde animal a nível dos distritos, divisões, bairros e aldeias;

(iii) Disponibilizar recursos para a formação em serviço e o desenvolvimento profissional contínuo dos actuais trabalhadores no domínio da saúde animal.

6.3.3.5 Aplicação das leis e regulamentos em vigor para o controlo das doenças dos animais

O controlo das doenças dos animais só é possível com um quadro regulamentar e mecanismos de aplicação sólidos. Tem acontecido frequentemente que as autoridades responsáveis pela aplicação da legislação não têm conhecimento da legislação existente que rege o controlo das doenças animais. A fim de travar estas situações, devem ser postas em prática as seguintes intervenções estratégicas

Intervenções estratégicas:

(i) Permitir que as autoridades responsáveis pela aplicação da lei disponham de instrumentos jurídicos actuais que prevejam questões de saúde animal e de saúde pública para desempenharem eficazmente as suas funções;

(ii) Sensibilizar as partes interessadas do sector pecuário para a existência de leis e regulamentos que regem as questões de saúde animal;

(iii) Estabelecer mecanismos para a aplicação das leis e regulamentos existentes a nível da LGA e do governo central.

6.3.3.6 Melhoria do sistema de imersão do gado

As carraças e as doenças transmitidas por carraças (DTA) contam-se entre os principais obstáculos que limitam a produção pecuária no país. Estima-se que 72% da mortalidade dos bovinos se deve a doenças transmitidas por carraças, nomeadamente a febre da costa leste (FCE), a anaplasmose, a pericardite (água do coração) e a babesiose (água vermelha). Embora o governo central e as LGA tenham participado na construção e reabilitação de tanques de imersão, muitas vezes estes tanques não são totalmente utilizados. As estratégias necessárias para o controlo dos TBD são as seguintes

Intervenções estratégicas:

(i) Fazer com que as LGAs assumam a responsabilidade pela construção, reabilitação e funcionamento dos poços para as alas;

(ii) Estabelecer mecanismos para uma supervisão adequada do Comité do Tanque de Imersão do bairro/aldeia pelos trabalhadores da saúde animal do bairro;

(iii) Aplicar a imersão obrigatória através da promulgação de leis municipais ao abrigo da Lei das Doenças dos Animais;

(iv) Educar os criadores de gado sobre a importância do banho de imersão.

6.3.3.8 Melhoria das competências e conhecimentos dos criadores de gado

A baixa escolaridade dos criadores de gado, particularmente nas zonas rurais, dificulta a sua capacidade de adotar novas tecnologias relativas à produção animal e à saúde animal. São necessárias intervenções estratégicas por parte das AGL para contornar este problema.

Intervenções estratégicas:

(i) Reforçar os serviços de extensão pecuária ao nível das bases;

(ii) Estabelecer lacunas de conhecimento e necessidades de formação para os criadores de gado nas aldeias;

(iii) Criar centros de formação de criadores de gado a nível das divisões;

(iv) Realizar regularmente escolas de campo de agricultores para actividades pecuárias em cada divisão ou bairro.

6.3.3.9 Controlo da incursão de animais de países vizinhos portadores de doenças infecciosas

As inspecções sanitárias dos jardins zoológicos são necessárias para evitar a introdução de doenças de animais exóticos.

Doenças como a CBPP são introduzidas no país através do movimento descontrolado de gado nas regiões de Arusha e Kagera. São necessárias estratégias para assegurar o controlo adequado das doenças animais provenientes dos países vizinhos.

Estratégias:

(i) Permitir que as autoridades governamentais responsáveis pela inspeção sanitária dos animais importados em jardins zoológicos desempenhem as suas funções em todas as LGAs;

(ii) Permitir que as autoridades responsáveis pela aplicação da lei assumam plenamente a sua responsabilidade, garantindo a adoção de medidas severas contra os culpados;

(iii) Harmoniza as políticas nacionais e regionais em matéria de serviços de inspeção sanitária dos jardins zoológicos.

6.3.4 Área de Intervenção Estratégica 4: Serviços de Desenvolvimento Pecuário, Capacidade

Construção e capacitação dos agricultores

6.3.4.1 Formação em pecuária

O papel da secção de formação consiste em transmitir conhecimentos e competências adequados a um vasto leque de intervenientes, incluindo os agricultores. Após uma formação bem sucedida, os formandos podem trabalhar por conta própria ou procurar emprego nos sectores público ou privado, a fim de alcançar um crescimento sustentável no subsector da pecuária. Para continuar a produzir um maior número de licenciados, são necessárias estratégias para resolver os seguintes constrangimentos: infra-estruturas inadequadas, instalações de formação deficientes, conhecimentos insuficientes, baixa participação de outras partes interessadas e fraca ligação entre a investigação, a formação, a extensão e os criadores de gado.

Intervenções estratégicas:

(i)   Rever e atualizar todos os currículos de formação em matéria de pecuária, a fim de os tornar adequados às necessidades dos clientes;

(ii) Reforçar a capacidade dos LITI para cumprirem os requisitos do NACTE

(iii) Reequipar os tutores do sector pecuário através de cursos de formação de curta e longa duração, de modo a satisfazer as necessidades dos agentes do sector a formar (incluindo cursos de gestão empresarial e empreendedorismo e de transformação de produtos pecuários);

(iv) Formar agricultores comerciais em grande escala, a fim de satisfazer a procura nacional de produtos pecuários;

(v)   Desenvolver materiais didácticos orientados para a procura;

(vi) Reabilitar e equipar os institutos de formação no domínio da pecuária;

(vii) Promover a participação/investimento do sector privado na formação em matéria de pecuária;

(viii) Determinar as necessidades de formação dos produtores de gado e de outros intervenientes nas cadeias de valor do sector pecuário;

(ix) Desenvolver programas de formação orientados para a procura destinados aos produtores de gado e a outros intervenientes nas cadeias de valor do sector pecuário;

(x) Reforçar as ligações entre a investigação, a formação, a extensão e os agricultores.

6.3.4.2 Investigação pecuária

A investigação no domínio da pecuária será levada a cabo principalmente pelo sector público através do Instituto Nacional de Investigação Pecuária e do Laboratório Veterinário Central e da Universidade de Agricultura de Sokoine, enquanto o sector privado e as ONG serão envolvidos, sempre que possível, em actividades como estudos que envolvam o ensaio de medicamentos (empresas farmacêuticas), o desenvolvimento de tecnologias específicas necessárias às ONG envolvidas em empreendimentos de desenvolvimento. As instituições de investigação internacionais e regionais, nomeadamente o ILRI, a ASARECA e a SACCAR, continuarão a ser colaboradores-chave através das suas actividades de ligação em rede.

A investigação no domínio da pecuária centrar-se-á nos seguintes domínios

(i)   Leite - Melhoramento de bovinos leiteiros, caprinos leiteiros e outros animais leiteiros;

(ii)   Carne - Melhoramento de bovinos, ovinos, caprinos, aves de capoeira e suínos;

(iii)   Subprodutos da pecuária - couros e peles, ossos, sangue, cascos, conservação dos pêlos, métodos de transformação e utilização;

(iv)   Recursos alimentares para animais, pastagens, forragens, alimentos complementares compostos e alimentação de animais ruminantes e não ruminantes;

(v)   Caracterização, conservação e melhoramento dos recursos genéticos animais, promoção e utilização de espécies pecuárias não convencionais;

(vi)   Vigilância, prevenção e controlo das doenças animais, diagnóstico, desenvolvimento e teste de vacinas;

(vii)   Força de tração, utensílios de tração animal, biogás e bem-estar animal;

(viii)   Acrescento de valor, comercialização, consumo e comércio, bem como política.

Intervenções estratégicas:

(i)   Reforçar as infra-estruturas de investigação e fornecer instalações para a investigação pecuária nos institutos de investigação pecuária;

(ii)   Reforçar a capacidade dos recursos humanos no domínio da investigação pecuária, apoiando a formação em disciplinas com pessoal insuficiente;

(iii)   Estabelecer um sistema de remuneração para motivar e manter os investigadores formados no domínio da pecuária;

(iv)   Promover a investigação para gerar novos conhecimentos e tecnologias que respondam às necessidades dos clientes;

(v)   Promover a investigação-ação participativa com as partes interessadas nas cadeias de valor da pecuária;

(vi)   Reforçar a coordenação e a colaboração entre as partes interessadas na investigação no domínio da pecuária, incluindo o sector privado;

(vii)   Alargar a base de financiamento da investigação e promover a participação do sector privado no financiamento da investigação pecuária através da criação do Fundo Nacional de Investigação Pecuária (NLRF);

(viii)   Reforçar as capacidades dos investigadores no que respeita ao acondicionamento das tecnologias e das informações resultantes da investigação para utilização pelas partes interessadas.

6.3.4.3 Serviços de extensão pecuária

Os serviços de extensão rural tratam da transferência de conhecimentos e competências dos peritos para os criadores de gado e da partilha de informações e experiências entre as partes interessadas, a fim de aumentar a produção e a produtividade dos animais. Foram utilizadas várias abordagens na prestação de serviços de extensão pecuária, incluindo formação e visitas, escolas de campo para criadores de gado e promoção de produtos pecuários. Outras abordagens incluem visitas de estudo, dias de campo dos agricultores, meios de comunicação social, exposições agrícolas, formação residencial e unidades/parcelas de demonstração. Atualmente, o Governo Central é responsável pela formulação de políticas, orientações e apoio técnico no domínio da pecuária. Os principais intervenientes na prestação de serviços de extensão aos criadores de gado são as autoridades governamentais locais (LGAs) e o sector privado. O serviço de extensão pecuária é caracterizado por uma fraca colaboração entre os intervenientes, por uma insuficiência de conhecimentos especializados, por uma fraca ligação entre a investigação, a formação, a extensão e os criadores, por incentivos, infra-estruturas e instalações inadequados. São necessárias intervenções estratégicas para resolver os seguintes problemas

(i)   Coordenação e colaboração entre os actores do sistema de extensão;

(ii)   Ligações entre a investigação, a extensão e os agricultores;

(iii)   Reforço das capacidades do pessoal de extensão e capacitação dos agricultores;

(iv) Gestão da comunicação e da informação.

Intervenções estratégicas:

(i) Melhorar os incentivos para o pessoal de extensão que trabalha em zonas remotas;

(ii) Reforçar a capacidade dos serviços de extensão pecuária através da formação, da reciclagem e da afetação de pessoal de extensão qualificado e adequado aos níveis distrital, distrital e de aldeia;

(iii) Reabilitar os Centros Rurais de Pecuária e estabelecer um mecanismo para os explorar de forma sustentável;

(iv) Melhorar a eficiência e a eficácia dos serviços de extensão através de uma maior participação das partes interessadas em todas as fases do desenvolvimento tecnológico;

(v) Reforçar as ligações entre a investigação, a extensão e os agricultores;

(vi) Reforçar a coordenação e a colaboração entre os intervenientes nos serviços de extensão pecuária;

(vii) Promover a participação do sector privado na prestação de serviços de extensão pecuária;

(viii) Promover a utilização de abordagens e metodologias participativas na prestação de serviços de extensão pecuária;

(ix) Promover a partilha de informações sobre boas práticas em matéria de serviços de aconselhamento/extensão no domínio da pecuária e sobre as lições aprendidas;

(x) Promover serviços de extensão/assessoria orientados para o mercado, para os agricultores e para a procura; (xi) Criar o Fundo Nacional de Extensão Pecuária (NLEF).

6.3.4.4 Serviço de Informação Pecuária

A existência de informação actualizada, relevante e de qualidade sobre o gado é crucial para a gestão e o desenvolvimento do sector pecuário. Para além da falta de harmonização e coordenação, o sistema de informação sobre o gado existente é limitado por infra-estruturas e instalações inadequadas, custos elevados na recolha de dados, conhecimentos insuficientes e ausência de um sistema de base de dados centralizado. Um sector pecuário bem gerido requer um sistema de dados e de informação credível. A orientação política consiste em reforçar as infra-estruturas e as instalações para os serviços de informação sobre o gado, harmonizar e coordenar os dados sobre o gado, prestar apoio técnico, estabelecer um sistema de informação de gestão abrangente e assegurar e apoiar o recenseamento regular do gado no país. São necessárias estratégias para estabelecer um sistema credível de informação sobre o efetivo pecuário no país.

Intervenções estratégicas:

(i) Criar um sistema global de informação sobre a gestão do efetivo pecuário;

(ii) Reforçar a recolha, a gestão, a harmonização e a divulgação dos dados e do sistema de informação;

(iii) Reforçar as capacidades do pessoal em matéria de desenvolvimento de bases de dados sobre o efetivo pecuário e de sistemas de informação;

(iv) Facilitar a criação de um recenseamento e de uma base de dados fiáveis e actualizados sobre o gado;

(v) Promover a comunicação entre o ministério responsável pelo desenvolvimento da pecuária e o público.

6.3.4.5 Capacitação dos agricultores

(i) Apoiar a criação de Escolas de Campo para Agricultores (FFS), a fim de melhorar a divulgação das tecnologias de produção animal;

(ii) Realizar a divulgação de tecnologias e demonstrações nas explorações agrícolas;

(iii) Capacitar os agricultores através da formação, do desenvolvimento de competências empresariais e da organização e desenvolvimento institucional dos agricultores;

(iv) Facilitar aos agricultores que exploram projectos pecuários a aquisição de um estatuto jurídico sob a forma de associações registadas e/ou sociedades cooperativas ou sociedades de parceria privadas;

(v) Promover, racionalizar e facilitar os procedimentos de registo das organizações de agricultores ao nível da base;

(vi) Reforçar a capacidade de gestão financeira das organizações de base do subsector da pecuária.

6.3.5 Área de Intervenção Estratégica 5: Governação, Regulamentação e Disposições Institucionais

6.3.5.1 Coordenação institucional a nível nacional

A EDSL será complementar da EDSA (2001) e do PDSA (2004) e não o seu substituto. Fornece um quadro para a implementação do PNL (URT, 2006). A EDSL procura aprofundar a resposta do governo e das partes interessadas às necessidades de desenvolvimento das comunidades rurais cujos meios de subsistência dependem da pecuária e aumentar a contribuição do sector pecuário para a economia nacional e a autossuficiência alimentar. Por conseguinte, a implementação da LSDS envolverá o Ministério do Desenvolvimento da Pecuária e das Pescas e as Autoridades Governamentais Locais (LGAs) sob o Gabinete do Primeiro Ministro - Administração Regional e Governo Local (PMO-RALG). Além disso, a implementação da LSDS exigirá uma estreita coordenação entre os ministérios responsáveis pelo sector agrícola (ASLM), ou seja, o Ministério da Agricultura, da Segurança Alimentar e das Cooperativas (MAFC), o Ministério do Comércio e da Indústria (MTI), o Ministério do Território e dos Assentamentos Humanos (MLHS), o Ministério do Desenvolvimento Comunitário, da Mulher e da Criança (MCDWC), o Gabinete do Presidente para o Planeamento e a Privatização (PO-P&P) e o Gabinete do Vice-Presidente (Ambiente). A LSDS será integrada no comité de coordenação interministerial existente a nível nacional para o ASDP. A coordenação com os parceiros de desenvolvimento será igualmente integrada no atual Grupo de Trabalho do Sector Agrícola (ASWOG)

6.3.5.2 Reforço do Ministério responsável pelo desenvolvimento da pecuária

A quarta fase do governo reforçou o estatuto do sector da pecuária, atribuindo-lhe um ministério de pleno direito, incluindo as pescas. A estrutura organizacional do Ministério está ainda a evoluir e a coordenação com os principais ministérios relacionados com o sector da pecuária, incluindo o PMO-RALG (TAMISEMI). Para atingir este objetivo, são propostas as seguintes acções concertadas:

☐ Alargar a base de recursos humanos do Ministério para lhe permitir enfrentar os desafios de liderar o desenvolvimento do sector da pecuária;

☐ Alargar a dotação orçamental do Ministério, a fim de aplicar as políticas preconizadas na PNL e na EDL;

☐ Reforçar as ligações entre as diferentes partes interessadas.

6.3.5.3 Estabelecer um fluxo de informação adequado do Ministério para os prestadores de serviços pecuários de base

O planeamento, o acompanhamento, a coordenação e a tomada de decisões adequados requerem um fluxo de informação bem desenvolvido entre os vários intervenientes no sector pecuário. A indisponibilidade ou a inadequação do sistema de dados sobre o gado compromete o desenvolvimento do sector pecuário. Para disponibilizar dados e informações credíveis às partes interessadas, são necessárias as seguintes intervenções estratégicas:

(i) Criar uma base de dados nacional do sector da pecuária e pô-la em prática pelos vários intervenientes;

(ii) Estabelecer um sistema de registo das partes interessadas e um mecanismo de apresentação de relatórios no âmbito de vários Conselhos de Pecuária (TDB, TMB, TVC, etc.);

(iii) Promover a manutenção de registos por todos os intervenientes na cadeia de valor do gado (agricultores, comerciantes de gado e transformadores);

(iv) Formar o pessoal do governo e das LGA sobre a forma de introduzir e obter dados da base de dados nacional sobre o gado;

(v) Efetuar um recenseamento nacional dos efectivos pecuários pelo menos de dez em dez anos;

(vi) Identificar e formar outras partes interessadas na manutenção de registos e dados;

(vii) Estabelecer um sistema de identificação e rastreabilidade do gado.

6.3.5.4 Melhorar a coordenação das actividades pecuárias entre o ministério e as LGAs

No âmbito do Programa de Reforma da Administração Local (LGRP), as actividades do sector pecuário no gabinete dos DALDOs são coordenadas pelo conselho distrital. Esta disposição não abordou plenamente as ligações entre os gabinetes dos DALDOs e o MLFD, pelo que a coordenação técnica entre as LGAs e o MLFD é fraca/não existe:

(i) Conceber melhores mecanismos de acesso às AGL na implementação de questões técnicas;

(ii) Criar um funcionário de escritório dedicado a tratar de questões relacionadas com o gado na sede da TAMISEMI para coordenação com o MLFD;

(iii) Integrar os serviços de inspeção (M&E) no ministério setorial ou no Secretariado Regional, em vez de fazerem parte da LGA;

(iv) Criar um departamento de pecuária a nível das LGA com dotações orçamentais específicas;

(v) Empregar o pessoal do serviço pecuário de acordo com a sua formação profissional;

(vi) Criar um ambiente propício adequado para os vários quadros do Ministério responsáveis pelo desenvolvimento da pecuária;

(vii) Estabelecer mecanismos de registo de dados e de feedback nas LGAs e nos ministérios/gabinetes.

6.3.5.5 Melhorar o empenhamento das autarquias locais na promoção do desenvolvimento da pecuária

Os departamentos de pecuária têm falta de pessoal na maioria das LGAs e, por conseguinte, são incapazes de prestar os serviços necessários ao nível das alas e das aldeias. As intervenções que se seguem serão necessárias, especialmente nas regiões/distritos onde o gado desempenha um papel significativo na subsistência da população.

Intervenções estratégicas:

(i) Criar equipas de especialistas em pecuária em cada LGA a nível distrital, sob a alçada do

DALDO ou DLDO;

(ii) Colocar pessoal de extensão pecuária adequado ao nível das aldeias e dos bairros;

(iii) Reforçar as capacidades do pessoal de extensão pecuária em matéria de planeamento estratégico e gestão de projectos; planeamento da utilização das terras e da área de distribuição; legislações, regulamentos, normas, monitorização do cumprimento, supervisão e avaliação da pecuária;

(iv) Efetuar regularmente a prestação de serviços de extensão pecuária e a monitorização e avaliação do desempenho e apresentar relatórios aos secretariados regionais.

5.3.5.6 Reforçar os Conselhos de Produtos Pecuários

(i) Fornecer apoio orçamental aos conselhos de administração dos animais para os capacitar;

(ii) Empregar pessoal de base nos VCT, TDB e TMB;

(iii) Estabelecer um mecanismo de registo e de informação das partes interessadas no âmbito de vários Conselhos de Pecuária (TDB, TMB VCT), etc;

(iv) Integrar os Conselhos de Pecuária nos orçamentos do QDMP dos ministérios;

(v) Desenvolver mecanismos e capacidades dos Conselhos de Administração para trabalharem com as AGL através de funcionários autorizados;

(vi) Reforçar as capacidades dos Conselhos de Pecuária e das organizações de agricultores, bem como o desenvolvimento institucional, a promoção e a defesa do sector.

6.3.5.7 Harmonizar e racionalizar várias leis e regulamentos que supervisionam a indústria pecuária e os recursos naturais

A implementação de políticas de conservação resultou muitas vezes em mudanças frequentes das áreas de pastagem de gado para outros usos, particularmente para a vida selvagem. Isto levou a que os criadores de gado migrassem para zonas marginais e outros locais do país. As consequências de tais imigrações são conflitos entre os utilizadores da terra e a diminuição da terra para a produção pecuária. A fim de evitar tais situações, a estratégia aborda as seguintes intervenções:

(i) Organizar reuniões interministeriais para harmonizar as questões que causam conflitos na aplicação das leis que regem os dois sectores;

(ii) Rever leis e regulamentos desactualizados;

(iii) Racionalizar e harmonizar as múltiplas leis e regulamentos que afectam o sector da pecuária;

(iv) Racionalizar os organismos reguladores envolvidos na regulamentação do sector pecuário para melhorar o ambiente empresarial;

(v) Educar e sensibilizar as partes interessadas sobre a utilização e o planeamento dos solos, em conformidade com as políticas globais.

6.3.5.8 Promover a utilização de prestadores de serviços públicos e privados qualificados ao nível das bases (aldeias e bairros)

A prestação de serviços de extensão pecuária só será bem sucedida se houver um conjunto de provedores de serviços qualificados ao nível da base. Em muitas das LGAs existe uma escassez aguda desse quadro de provedores de serviços. São necessárias estratégias para resolver esta escassez: **Intervenções estratégicas:**

(i) Criar uma reserva de trabalhadores de extensão pecuária através da formação de pessoal ao nível de certificados, diplomas e graus académicos;

(ii) Permitir que o Governo Local empregue trabalhadores qualificados de extensão pecuária a nível de distrito, divisão, ala e aldeia;

(iii) Disponibilizar recursos para a formação em serviço e o desenvolvimento profissional contínuo dos actuais extensionistas do sector pecuário;

(iv) Estabelecer mecanismos de responsabilização dos prestadores de serviços privados perante as LGA;

(v) Motivar os prestadores de serviços que trabalham em zonas difíceis (remotas).

6.3.6 Área de Intervenção Estratégica 6: Questões transversais e intersectoriais

As questões transversais e intersectoriais são questões que estão fora do mandato do MLFD e que influenciam o desenvolvimento da pecuária. As questões transversais incluem o género, o VIH/SIDA e o ambiente, enquanto as questões intersectoriais incluem as infra-estruturas, a eletrificação e a comunicação.

6.3.6.1 Integração da perspetiva de género no desenvolvimento da pecuária

O Governo, através do MCDWC, desenvolveu uma *política de género* e está a promover a utilização da análise de género nos programas de desenvolvimento baseados na comunidade. Para além da política de género, é importante integrar a dimensão do género nos diferentes sectores da economia. A integração da perspetiva de género refere-se ao processo de integração das necessidades de homens e mulheres e de todos os grupos vulneráveis a todos os níveis nas políticas, planos estratégicos, programas, regras, procedimentos, reformas e circulares. A integração da perspetiva de género no desenvolvimento da pecuária é a estratégia para alcançar uma igualdade de género sustentável na indústria pecuária. Centra-se no alinhamento e na influência sobre as concepções, a formulação e a aplicação de políticas, programas, planos estratégicos e práticas operacionais. A estratégia visa promover a equidade e a igualdade de oportunidades de acesso e de controlo dos recursos, tanto para os homens como para as mulheres, a todos os níveis. São necessárias estratégias para fazer face aos constrangimentos à integração da perspetiva de género, incluindo a fraca sensibilização das partes interessadas, a insuficiência de conhecimentos especializados, as práticas culturais e as tradições.

Intervenções estratégicas:

(i) Promover e reforçar a capacidade de integração da perspetiva de género no sector da pecuária;

(ii) Promover o desenvolvimento de tecnologias específicas de género no sector da pecuária;

(iii) Estabelecer programas específicos para a emancipação dos géneros e o acesso à terra, à tecnologia, ao crédito e aos mercados.

6.3.6.2 VIH/SIDA, paludismo e tuberculose

O VIH/SIDA é uma catástrofe nacional que afecta sobretudo homens e mulheres jovens. De acordo com a Política Nacional sobre o VIH/SIDA (2001), a Tanzânia encontra-se entre os países mais afectados da África Subsariana. Para além do VIH/SIDA, a malária e a tuberculose são também doenças importantes que drenam recursos e causam escassez de mão de obra qualificada e não qualificada, bem como de criadores de gado e outros intervenientes nas diferentes cadeias de valor da pecuária, afectando assim a indústria pecuária. Além disso, estas doenças esgotam os recursos financeiros sob a forma de custos de diagnóstico e tratamento das doenças associadas. Estão a ser envidados esforços concertados para sensibilizar as partes interessadas para a importância de controlar a taxa de novas infecções. No entanto, os esforços para combater o VIH/SIDA no sector pecuário são limitados por factores socioeconómicos e culturais, por um baixo nível de sensibilização das partes interessadas e por infra-estruturas e instalações de saúde inadequadas, especialmente nas comunidades pastoris.

Intervenções estratégicas:

(i)   Promover a sensibilização do pessoal para o VIH/SIDA;

(ii)   Promover serviços voluntários de aconselhamento e despistagem;

(iii)   Reforçar os cuidados e o apoio aos trabalhadores que vivem com VIH/SIDA;

(iv)   Promover a capacidade de gestão do VIH/SIDA;

(v)   Promover a colaboração com outras partes interessadas na luta contra o VIH/SIDA e as doenças oportunistas conexas.

6.3.6.3   Conservação do ambiente

O sector da pecuária atribui grande importância à conservação do ambiente, uma vez que esta tem efeitos sobre a terra, a água e as forragens, que podem afetar factores sociais e económicos que influenciam a vida dos criadores de gado.

Intervenções estratégicas:

(i)   Promover a conservação do ambiente no sector da pecuária;

(ii)   Reforçar as capacidades em matéria de conservação do ambiente;

(iii)   Promover um planeamento adequado da utilização dos solos na produção animal para a conservação do ambiente;

(iv) Promover os conhecimentos técnicos autóctones e as tecnologias convencionais para uma produção animal sustentável e a conservação do ambiente;

(v) Aplicar leis e regulamentos para controlar a circulação de grandes manadas de gado;

(vi) Promover o desmatamento e incentivar a criação de pastagens;

(vii) Promover programas de reabilitação de pastagens degradadas;

(viii) Promover planos integrados de utilização dos recursos terrestres.

6.3.6.4 Infra-estruturas rurais

Uma infraestrutura rural bem desenvolvida e mantida é essencial para o desenvolvimento da pecuária e para o desenvolvimento rural em geral. Os investimentos em estradas rurais, abastecimento de água, transporte, armazenamento, abrigos para o gado, mercados rurais, eletrificação, comunicações, sistemas de gestão da água, barragens de carvão, áreas de armazenagem de gado, mercados de leilões de gado, rotas de transporte de gado e matadouros são fundamentais para estimular o aumento da produção pecuária. As infra-estruturas rurais não só se encontram em mau estado e são inadequadas para o desenvolvimento da economia rural, como também estão distribuídas de forma desigual, deixando algumas zonas de elevado potencial pecuário com infra-estruturas inadequadas ou mesmo inexistentes. Algumas infra-estruturas rurais, como poços, barragens de carvão, áreas de armazenagem de gado, mercados de gado, rotas de gado e matadouros, pertencem diretamente ao sector da pecuária e as intervenções para as reabilitar e melhorar são da competência do Ministério do Desenvolvimento da Pecuária e das Pescas e das LGAs. No entanto, uma parte significativa das principais infra-estruturas está fora do sector, incluindo as estradas rurais, as comunicações e a eletrificação. O desenvolvimento destas infra-estruturas no âmbito dos ministérios competentes terá em conta as necessidades do desenvolvimento do sector pecuário e será realizado no quadro da RDS.

Intervenções estratégicas:

(i) Estabelecer as necessidades de infra-estruturas rurais para o desenvolvimento do sector pecuário e agrícola no seu conjunto;

(ii) Conceber e aplicar um mecanismo para assegurar a incorporação das necessidades de infra-estruturas pecuárias, em função da procura, nos planos de desenvolvimento dos ministérios responsáveis pelo desenvolvimento das infra-estruturas e nos planos de desenvolvimento distrital;

(iii) Desenvolver e aplicar um programa de promoção da utilização de fontes alternativas de energia, como a solar, a eólica e o biogás;

(iv) Promover o investimento privado em infra-estruturas rurais.

CAPÍTULO 7
QUADRO INSTITUCIONAL PARA A EXECUÇÃO DA DSL
7.1 Actores principais

Os principais intervenientes na implementação da LSDS incluem os intervenientes da cadeia pecuária diretamente envolvidos nas trocas dentro da cadeia (por exemplo, produtores, transformadores, comerciantes) e os intervenientes externos que não lidam diretamente com o gado e os produtos animais, mas prestam serviços, conhecimentos especializados e podem exercer influência no desempenho das cadeias pecuárias (por exemplo, governo local, organizações da sociedade civil). Os actores directos da cadeia são principalmente o sector privado, enquanto os actores externos podem pertencer ao sector público ou privado. Os actores da cadeia que também são do sector privado incluem os criadores de gado e as agro-indústrias (produtores de média e grande escala, comerciantes, transportadores, importadores, exportadores, transformadores, supermercados, comerciantes e hotéis). Outros grupos de criadores de gado e organizações religiosas diretamente envolvidos nas trocas dentro da cadeia pecuária incluem organizações não governamentais (ONGs), organizações comunitárias (OBCs) e organizações religiosas (FBOs), bem como comunidades. Os actores externos que se enquadram no sector público incluem os Ministérios Líderes do Sector Agrícola (ASLMs), ou seja, o Ministério do Desenvolvimento da Pecuária e das Pescas (MLFD), o Ministério da Agricultura, Segurança Alimentar e Cooperativas (MAFC), o Ministério da Água (MoW), o Ministério da Indústria, Comércio e Marketing (e MITM) e o Gabinete do Primeiro-Ministro - Administração Regional e Governo Local (PMO-RALG). Others include President' Office - Planning Commission, Vice President's Office (VPO), Prime Minister's Office, Disaster Management Department (PMO-DMD), Ministry of Health and Social Welfare (MHSW), Ministry of Natural Resources and Tourism (MNRT), Ministry of Community Development, Gender and

Crianças (MCDGC), Ministério do Território, da Habitação e do Desenvolvimento dos

Assentamentos Humanos (MLHHSD), Ministério das Finanças (MoF), Ministério da Comunicação, Ciência e Tecnologia, Ministério do Desenvolvimento das Infra-estruturas (MID), Ministério da Educação e da Formação Profissional (MEVT), Ministério da Energia e dos Minerais, Ministério da Justiça e dos Assuntos Constitucionais (MJCA) e Ministério dos Assuntos Internos, Centro Alimentar e Nutricional da Tanzânia (TFNC), Autoridade Alimentar e de Medicamentos da Tanzânia (TFDA), Gabinete de Normalização da Tanzânia (TBS), Conselho Nacional de Gestão Ambiental (NEMC), Instituições Superiores de Ensino e Investigação e Autoridades Governamentais Locais (LGAs), Comissão Nacional de Planeamento do Uso do Solo (NLUPC), Organização de Desenvolvimento de Pequenas Indústrias (SIDO) e Organização de Investigação e Desenvolvimento Industrial da Tanzânia (TIRDO). As organizações privadas que se enquadram nos actores externos incluem as organizações não governamentais (ONG), as organizações de base comunitária (OBC) e as organizações religiosas (FBO).

7.2 Funções e responsabilidades

7.2.1 Ministérios responsáveis pelo sector agrícola (ASLM)

Os Ministérios Responsáveis pelo Sector Agrícola são atualmente o Ministério do Desenvolvimento da Pecuária e das Pescas (MLFD), que terá o papel de coordenação da EDSL, o Ministério da Agricultura, Segurança Alimentar e Cooperativas (MAFC), o Ministério da Água e Irrigação (MoWI) e o Ministério da Indústria, Comércio e Marketing (MITM); e o Gabinete do Primeiro-Ministro - Administração Regional e Governo Local (PMO-RALG). Estes são também os ministérios responsáveis pela implementação da ASDS e do ASDP. O PMO-RALG supervisionará a implementação da LSDS a nível da LGA, e os outros ministérios supervisionarão a sua implementação a nível nacional.

7.2.1.1 Ministério do Desenvolvimento da Pecuária e das Pescas (MLFD)

O MLFD irá:

(i) Desempenhar um papel de liderança na coordenação e no controlo da aplicação da LSDS;

(ii) Assegurar que as actividades de desenvolvimento da pecuária sejam devidamente integradas nos vários sectores;

(iii) Avaliar o impacto das actividades relacionadas com a pecuária no país;

(iv) Assegurar que todas as partes interessadas sejam informadas das suas funções e responsabilidades e interajam adequadamente nas questões relacionadas com o desenvolvimento da pecuária;

(v) Desenvolver indicadores para a avaliação e o acompanhamento das actividades de desenvolvimento pecuário em conformidade com o quadro de M&A do NSGRP;

(vi) Desenvolver e difundir tecnologias adequadas que melhorem a produção animal;

(vii) Promover o reforço das capacidades das autarquias locais, tal como estipulado no ASDP;

(viii) Promover o valor acrescentado dos produtos da pecuária;

(ix) Promover a aplicação de boas práticas de criação de gado;

(x) Fornecer e supervisionar a implementação de serviços regulamentares;

(xi) Definir normas e directrizes técnicas para os prestadores de serviços; e

(xii) Manter e divulgar informações adequadas sobre os efectivos pecuários e os produtos pecuários.

7.2.1.2 Ministério da Agricultura, da Segurança Alimentar e das Cooperativas (MAFC)

O Comité de Acompanhamento do Mercado Interno (CAF)

(i) Promover a integração das actividades de produção vegetal e animal nos sistemas agrícolas das pequenas explorações;

(ii) Promover a utilização de resíduos/estrume de animais para a produção de culturas;

(iii) Promover a utilização da força animal para o cultivo e o transporte.

7.2.1.3 Ministério da Indústria e do Comércio (MIT)

O MIT terá as seguintes funções

(i) Promover a transformação de produtos agrícolas através da Estratégia de Industrialização Rural;

(ii) Estabelecer um quadro jurídico e institucional que facilite o comércio local e internacional de gado e de produtos animais, que seja justo tanto para os produtores como para os consumidores;

(iii) Elaborar directrizes sobre notas e normas; e

(iv) Prestar serviços de regulamentação sobre as normas de qualidade dos produtos animais.

7.2.1.4 Ministério da Água (MoW)

O MoW irá:

(i) Assegurar a conservação das bacias hidrográficas;

(ii) Reforçar os mecanismos de utilização sustentável dos recursos hídricos e de resolução de conflitos pelas comunidades de utilizadores (direitos de água e associações);

(iii) Assegurar a gestão integrada dos recursos hídricos.

7.2.1.5 Gabinete do Primeiro-Ministro - Administração Regional e Local (PMO-RALG)

O PMO-RALG irá:

(i) Facilitar a coordenação intersectorial em questões relacionadas com o desenvolvimento da pecuária;

(ii) Facilitar o intercâmbio de informações entre as LGAs e os ministérios centrais; e

(iii)   iii) Assegurar o controlo financeiro de todos os recursos atribuídos às LGAs

7.2.2 Ministérios sectoriais

As funções e responsabilidades dos ministérios sectoriais são as seguintes

7.2.2.1 Ministério das Finanças (MdF)

O MdF irá:

(i) Promover e acompanhar a aplicação da política de microfinanciamento;

(ii) Rever o sistema de tributação para estimular o desenvolvimento económico, incluindo o desenvolvimento da pecuária;

(iii) Atribuir fundos adequados para o desenvolvimento da pecuária;

(iv) Promover um ambiente jurídico e político que permita a participação do sector privado em várias actividades relacionadas com a distribuição e comercialização de factores de produção e produtos agrícolas;

(v) Monitorizar e avaliar o desenvolvimento do gado em conformidade com os indicadores do sistema de monitorização do NSGRP;

(vi) Analisar a contribuição da pecuária para o crescimento e a redução da pobreza; e

(vii) Prestar serviços de regulamentação às instituições financeiras, a fim de incentivar o aumento do investimento do sector privado.

7.2.2.2 Ministério do Desenvolvimento Comunitário, do Género e da Criança

O Ministério do Desenvolvimento da Comunicação, do Género e da Infância irá:

(i) Realizar investigação e formação sobre alimentação saudável e regimes alimentares;

(ii) Defender e promover tecnologias que poupem trabalho, especialmente nos casos em que as mulheres estão maioritariamente envolvidas em todos os sistemas de produção animal; e

(iii) Mobilizar e sensibilizar o público para uma divisão mais equitativa do trabalho entre os géneros e para a tomada de decisões sobre questões relacionadas com a gestão do gado no agregado familiar

7.2.2.3 Ministério da Terra, Habitação e Desenvolvimento de Assentamentos Humanos

O Ministério da Terra, Habitação e Desenvolvimento de Assentamentos Humanos

(i) Simplificar os procedimentos de aquisição de terras para os diferentes sistemas de produção animal, como a pastorícia, a agro-pastorícia e a pecuária;

(ii) Assegurar a segurança fundiária dos agricultores e dos grupos marginalizados, incluindo as mulheres, para produzir produtos animais para a subsistência e para o mercado; e

(iii) Designar áreas para potenciais investidores dispostos a investir na criação de gado e na produção em grande escala de outros tipos de gado.

7.2.2.4 Ministério dos Recursos Naturais e do Turismo

O Ministério dos Recursos Naturais e do Turismo irá:

(i) Promover a utilização sustentável da silvicultura, da vida selvagem, da água doce e dos produtos marinhos;

(ii) Assegurar a conservação das reservas florestais e das zonas de captação de água; e

(iii) Reforçar os mecanismos de coexistência harmoniosa e sustentável entre a fauna bravia e as comunidades pastoris vizinhas.

7.2.2.5 Ministério do Desenvolvimento das Infra-estruturas

O Ministério do Desenvolvimento das Infra-estruturas irá:

(i) Expandir as redes de transportes a todos os níveis, as infra-estruturas rodoviárias;

(ii) Prestar serviços de regulamentação em matéria de infra-estruturas de transportes; e

(iii) Expandir e manter o sistema de transportes de modo a melhorar a eficácia do transporte e da distribuição do gado e dos produtos animais.

7.2.2.6 Ministério dos Transportes

O Ministério dos Transportes

(i) Reforçar os serviços meteorológicos e manter um sistema de informação adequado para a previsão do tempo;

(ii) Expandir as redes de comunicação e de transportes a todos os níveis, incluindo os caminhos-de-ferro, os portos e os aeroportos;

(iii) Prestar serviços de regulamentação em matéria de infra-estruturas de comunicação

7.2.2.7 Ministério da Saúde e do Bem-Estar Social

O Ministério da Saúde e da Segurança Social irá:

(i) Aconselhar e promover dietas adequadas e outras práticas nutricionais para todas as pessoas, especialmente as que sofrem de VIH/SIDA, malária e outras doenças comuns;

(ii) Manter e divulgar informações adequadas sobre a saúde e o estado nutricional;

(iii) Reforçar as medidas de controlo das doenças transmissíveis e infecciosas;

(iv) Definir orientações em matéria de saúde, higiene e saneamento para os prestadores de serviços;

(v) Formular uma política de segurança alimentar; e

(vi) Fornecer e supervisionar a implementação de serviços regulamentares relevantes em matéria de saúde, higiene e saneamento.

7.2.2.8 Ministério dos Assuntos Internos

O Ministério dos Assuntos Internos irá:

(i) Facilitar a aplicação dos estatutos, leis e regulamentos no sector da pecuária;

(ii) Facilitar a resolução de conflitos entre criadores de gado e produtores agrícolas; e

(iii) Reforçar o controlo dos movimentos transfronteiriços ilegais de gado.

7.2.2.9 Ministério dos Assuntos Constitucionais e da Justiça (MCAJ)

O MCAJ irá:

(i) Facilitar a formulação de legislação em matéria de pecuária;

(ii) Facilitar a condução dos processos judiciais; e

(iii) Aconselhar o sector da pecuária sobre questões jurídicas e contratuais.

7.2.2.10 Instituições de ensino superior e de investigação

As instituições de ensino superior irão:

(i) Realizar investigação no domínio da pecuária;

(ii) Desenvolver e divulgar tecnologias adequadas de produção animal e de valor acrescentado;

(iii) Desenvolver programas e módulos de formação para o sector pecuário; e

(iv) Prestar serviços de consultoria sobre questões relacionadas com a pecuária.

7.2.3 Outras instituições públicas

7.2.3.1 Conselho da Carne da Tanzânia (TMB)

A Tanzania Meat Board irá:

(i) Regulamentar as actividades da indústria da carne;

(ii) Promover a transformação, a comercialização e o consumo de carne e de produtos à base de carne seguros e de qualidade;

(iii) Regulamentar a importação e a exportação de carne e de produtos à base de carne;

(iv) Promover a recolha e a divulgação de informações sobre a carne e os produtos à base de carne;

(v) Apoiar e promover a investigação no domínio da tecnologia da carne;

(vi) Promover a criação de associações de produtores de carne e de transformadores; e

(vii) Estabelecer a ligação com a Autoridade dos Alimentos e Medicamentos da Tanzânia (TFDA) para garantir o cumprimento das normas de segurança alimentar.

7.2.3.2 Conselho dos Lacticínios da Tanzânia (TDB)

O Conselho dos Produtos Lácteos da Tanzânia irá:

(i) Regulamentar as actividades no sector dos lacticínios;

(ii) Procurar e desenvolver mercados e encomendar estudos de mercado;

(iii) Assegurar a disponibilidade de tecnologias adequadas no sector do leite e dos produtos lácteos;

(iv) Promover e facilitar a formação de associações ou outros organismos de partes interessadas no subsector do leite e dos produtos lácteos;

(v) Promover e coordenar o desenvolvimento de pequenos, médios e grandes produtores e transformadores de lacticínios; e

(vi) Estabelecer a ligação com a Autoridade dos Alimentos e Medicamentos da Tanzânia (TFDA) para garantir o cumprimento das normas de segurança alimentar.

7.2.3.3 Gabinete de Normalização da Tanzânia (TBS)

A TBS vai:

(i) Promulgar normas alimentares nacionais;

(ii) Trabalhar com as pequenas e médias empresas (PME) para promover e acompanhar a aplicação de normas para um desenvolvimento industrial, social e económico sustentável; e

(iii) Assegurar a conformidade dos produtos animais introduzidos no país com as normas.

7.2.3.4 Autoridade dos Alimentos e Medicamentos da Tanzânia (TFDA)

A TFDA irá:

(i) Controlar a segurança de todas as importações de alimentos de origem animal, bem como dos produtos alimentares locais colocados à venda nos pontos de venda a retalho;

(ii) Aconselhar o Governo sobre a utilização de alimentos geneticamente modificados, suplementos alimentares e alimentos enriquecidos com nutrientes;

(iii) Informar o público sobre as questões necessárias em matéria de segurança dos alimentos e aplicar as normas nacionais e internacionais; e

(iv) Estabelecer medidas de controlo baseadas no risco que reforcem a segurança dos alimentos.

7.2.3.5 Conselho Nacional de Gestão Ambiental (NEMC)

A NEMC irá:

(i) Aconselhar sobre a gestão adequada do ambiente para prevenir e controlar a degradação dos solos, da água, da vegetação e do ar, que constituem os sistemas de suporte de vida para uma produção animal sustentável; e

(ii) Promover a conservação da diversidade agro-biológica e dos ecossistemas da Tanzânia, que são relevantes para a segurança alimentar.SS

7.2.3.6 Comissão Nacional de Planeamento da Utilização dos Solos (NLUPC)

O NLUPC irá:

(i) Assegurar a conformidade com os planos de utilização dos solos aprovados; e

(ii) Prestar formação e serviços de consultoria em questões relacionadas com as práticas de utilização dos solos.

7.2.3.7 Organização para o Desenvolvimento das Pequenas Indústrias (SIDO)

A SIDO irá:

(i) Promover o desenvolvimento de pequenas indústrias agro-alimentares e conexas, bem como planear e coordenar as suas actividades;

(ii) Prestação de serviços de assistência técnica, gestão e consultoria a pequenas empresas de transformação de produtos agrícolas na Tanzânia; e

(iii) Fornecer e promover instalações de formação para pessoas envolvidas, empregadas ou a empregar em pequenas indústrias agro-processadoras e assistir e coordenar as actividades de outras instituições envolvidas nessa formação.

7.2.3.8 Organização de Investigação e Desenvolvimento Industrial da Tanzânia (TIRDO)

O TIRDO vai:

(i) Realizar e promover a realização de investigação aplicada destinada a facilitar a avaliação, o desenvolvimento e a utilização de materiais locais nos processos industriais agro-alimentares;

(ii) Realizar investigação em várias técnicas e tecnologias industriais agro-alimentares locais e estrangeiras e avaliar a sua adequação para adoção e utilização alternativa na produção industrial; e

(iii) Promover ou fornecer instalações para a formação de pessoal local para a realização de investigação científica e industrial relacionada com a segurança alimentar.

7.2.3.9 Comissão da Tanzânia para a Ciência e Tecnologia (COSTECH)

A COSTECH irá:

(i) Procurar os meios adequados para utilizar os resultados da investigação selecionada; promover o desenvolvimento tecnológico; e mobilizar o apoio financeiro e académico a favor da investigação no domínio da pecuária;

(ii) Aconselhar o Governo sobre todas as questões relacionadas com a investigação científica e o desenvolvimento tecnológico no domínio da pecuária; e

(iii) Coordenar e promover as actividades de investigação nos domínios da agricultura e da pecuária, da saúde pública, da silvicultura, da pesca, das ciências marinhas, da indústria e da vida selvagem no país

7.2.3.10 Secretariados regionais (RS)

O RS irá:

(i) Coordenar a planificação e a execução dos programas de desenvolvimento da pecuária a nível distrital;

(ii) Estabelecer um mecanismo de comunicação e de apresentação de relatórios entre o PMO-RALG, o MAFC e os distritos;

(iii) Reforçar a capacidade dos distritos para planear e implementar programas e actividades de desenvolvimento da pecuária; e

(iv) Criar comités regionais de desenvolvimento da pecuária para coordenar a aplicação da LSDS a nível regional.

7.2.4 Autoridades governamentais locais (LGAs)

As LGAs irão:

(i) Interpretar estratégias de desenvolvimento da pecuária de acordo com o contexto local e os sistemas de produção animal existentes nas suas áreas;

(ii) Reforçar as capacidades a nível das divisões, dos bairros e das aldeias, fornecendo apoio técnico e desenvolvimento de competências em questões relacionadas com o desenvolvimento da pecuária;

(iii) Coordenar as actividades de desenvolvimento da pecuária no distrito, incluindo as que estão a ser implementadas por ONG/CBOS/FBOs/CSOs e programas apoiados por doadores;

(iv) Estabelecer comités de desenvolvimento do sector pecuário, que serão responsáveis por concentrar a atenção nas questões de desenvolvimento pecuário no Distrito;

(v) Mobilizar e atribuir recursos para a execução de programas e actividades de desenvolvimento da pecuária;

(vi) Estabelecer um mecanismo de troca de informações sobre o gado dentro e fora do distrito;

(vii) Reforçar a capacidade das alas e aldeias no desenvolvimento, planeamento e execução de actividades de desenvolvimento pecuário; e

(viii) Estabelecer um sistema de controlo e de comunicação dos focos de doenças dos animais no interior do

o Distrito.

7.2.4.2 Circunscrições e aldeias/sub-aldeias

As alas e as aldeias serão:

(i) Coordenar todas as actividades de desenvolvimento da pecuária no bairro;

(ii) Mobilizar recursos humanos, de capital e financeiros para a execução das actividades de desenvolvimento da pecuária;

(iii) Acompanhar e avaliar as actividades de desenvolvimento da pecuária;

(iv) Sensibilizar as comunidades para as questões relacionadas com o desenvolvimento da pecuária;

(v) Coordenar e monitorizar as actividades de desenvolvimento da pecuária que estão a ser implementadas pelas ONG/CBO nas alas e aldeias; e

(vi) Mobilizar as comunidades para a reabilitação e a manutenção das infra-estruturas pecuárias, tais como poços, instalações de criação de gado e mercados.

7.2.5 Organizações da sociedade civil (ONG, OCB, FBO, etc.)

As organizações da sociedade civil :

(i) Visar grupos vulneráveis, incluindo agregados familiares com poucos recursos e grupos marginalizados da sociedade, com assistência para facilitar a produção animal, a transformação e a comercialização de animais e produtos animais;

(ii) Intervir em situações de emergência para resolver problemas de gado causados por calamidades naturais, tais como surtos de doenças;

(iii) Trabalhar para melhorar a capacidade organizacional dos agricultores, de modo a que estes possam aceder melhor a serviços como a extensão, a investigação, os mercados, o crédito e os factores de produção para actividades relacionadas com a pecuária;

(iv) Colaborar com outras partes interessadas na formulação, aplicação e revisão das políticas, estratégias, programas, projectos e actividades de desenvolvimento da pecuária;

(v) Mobilizar e reforçar a participação dos agregados familiares e da comunidade nos programas e actividades no domínio da pecuária; e

(vi) Ajudar as comunidades pecuárias susceptíveis de contrair doenças transmissíveis (incluindo o VIH/SIDA) a adquirir competências para a prevenção da transmissão de doenças.

7.2.6 Empresas privadas do sector agroindustrial

O agronegócio privado irá:

(i) Participar no desenvolvimento e na adoção de tecnologias e práticas rentáveis de produção, transformação e conservação de animais;

(ii) Desenvolver uma gama diversificada de produtos animais produzidos, transformados e consumidos;

(iii) Exigir, através das suas associações, serviços para a pecuária, incluindo extensão, saúde animal, comercialização, crédito e outros;

(iv) Armazenar, distribuir e vender a retalho factores de produção animal, comprar, armazenar e transportar gado e produtos animais, e exportar gado e produtos animais;

(v) Investir na produção animal em grande escala, por exemplo, na criação de gado, bem como no aumento do valor acrescentado, incluindo a transformação de produtos animais;

(vi) Proporcionar oportunidades de emprego, aumentando assim o rendimento e melhorando a segurança alimentar;

(vii) Proporcionar facilidades de crédito aos produtores de gado e aos pequenos empresários;

(viii) Defender a propriedade legal da terra que pode ser utilizada como garantia para empréstimos;

(ix) Participar na formulação e aplicação de normas nacionais e internacionais para os produtos animais; e

(x) Reforçar a capacidade dos pequenos produtores de gado.

7.2.7 Cooperativas e Associações

Cooperativas e Associações:

(i) Estabelecer centros de aluguer e de assistência técnica para os factores de produção e o equipamento;

(ii) Mobilizar os membros para a criação de instalações de transformação de produtos animais;

(iii) Negociar preços justos para os factores de produção animal e para os produtos animais;

(iv) Ajudar os membros a vender os seus animais e produtos animais; e

(v) Mobilizar poupanças entre os membros e organizar facilidades de crédito na comunidade (por exemplo, SACCOS).

7.2.8 Agregados familiares com criação de gado

Os agregados familiares criadores de gado:

(i) Participar em programas e actividades no domínio da pecuária de acordo com o seu sistema específico de produção animal;

(ii) Mobilizar os recursos (materiais, financeiros e humanos) para a realização das actividades de produção animal;

(iii) Esforçar-se por promover práticas de produção animal sustentável sem destruir o ambiente; e

(iv) Participar na produção de informações sobre a produção animal e actividades conexas **7.3**

Mecanismo de coordenação

A implementação e a coordenação das intervenções do LSDS serão integradas no quadro governamental existente para a coordenação do ASDP e do NSGRP (MKUKUTA). Isto inclui a coordenação do MLFD com outros ministérios, instituições, parceiros de desenvolvimento, agências e outras partes interessadas relacionadas com o sector agrícola, tais como criadores de gado, comerciantes, transformadores e respectivas associações. A coordenação da LSDS será feita a nível nacional, regional, distrital, de bairro e de aldeia, conforme descrito abaixo:

1.1.1 Nível nacional

A nível nacional, existirão três órgãos: 1) O Comité Diretivo Nacional, que será presidido pelo Secretário Permanente do MLFD, e composto por representantes de todos os ministérios relevantes, representantes de outras instituições públicas relevantes, agências internacionais, instituições de ensino superior, o sector privado (agricultores, criadores de gado e agro-indústrias), bem como representantes das OSC; 2) O Comité Técnico Nacional de Desenvolvimento Pecuário, composto por alguns membros seleccionados do Comité Diretivo e que actuará como seu sub-comité; e 3) A Direção de Política e Planeamento do Ministério do Desenvolvimento Pecuário e das Pescas. O Comité de Pilotagem fornecerá a orientação e a coordenação gerais na implementação da LSDS, enquanto o Comité Técnico fornecerá apoio técnico ao Comité de Pilotagem, Regiões, Distritos e outros actores relevantes no processo de implementação e monitorização das várias intervenções no âmbito da LSDS. A Direção de Política e Planeamento assegurará a supervisão geral e actuará como Secretariado para todas as questões relacionadas com a implementação do PNL e da EDL. Desempenhará as funções de secretário dos comités de direção e técnico.

1.1.2 Nível regional

O comité será responsável pela identificação e mapeamento dos problemas de desenvolvimento da pecuária no distrito, pela promoção de actividades/iniciativas para desenvolver a pecuária, pela preparação de planos para a implementação de intervenções na pecuária, pela mobilização de recursos para a implementação de actividades de produção de gado, pela coordenação e monitorização das actividades de desenvolvimento da pecuária no distrito e pela ligação com as autoridades distritais em questões de desenvolvimento da pecuária. A nível regional, o Comité Regional de Desenvolvimento Pecuário será presidido pelo Comissário Regional e incluirá o SAR, os conselheiros regionais nos sectores da agricultura, pecuária, cooperativas, desenvolvimento comunitário, infra-estruturas e saúde, bem como representantes do sector privado e das organizações da sociedade civil. Este comité será responsável por coordenar e monitorizar todas as intervenções relacionadas com o desenvolvimento da pecuária na região, promover iniciativas para alcançar um desenvolvimento sustentável da pecuária na região e facilitar a apresentação de relatórios sobre a situação e as intervenções em matéria de desenvolvimento da pecuária aos órgãos competentes.

1.1.3 Nível distrital

A nível distrital, o Comité Distrital de Desenvolvimento da Pecuária será presidido pelo

O Comité Regional é constituído pelo Comissário Distrital e incluirá o Diretor Executivo Distrital, DAS, todos os membros da DMT, bem como representantes de empresas agrícolas, agricultores, criadores de gado e OSCs. Desempenhará as mesmas funções que o comité regional, mas a nível distrital.

1.1.4 Nível de enfermaria

Ao nível da freguesia, o Comité de Desenvolvimento Pecuário da Freguesia será presidido pelo Diretor Executivo da Freguesia. O comité será composto pelos presidentes das aldeias, pelos responsáveis executivos das aldeias, pelos extensionistas, pelos líderes das organizações religiosas, pelos representantes das ONG e das OSC que operam no bairro, bem como por pessoas influentes (empresários e criadores de gado). O comité

1.1.5 Aldeia

Ao nível da aldeia, o Comité de Desenvolvimento Pecuário da Aldeia será presidido pelo presidente da aldeia. Incluirá o oficial executivo da aldeia, que será o secretário do comité, os extensionistas da aldeia (pecuária, desenvolvimento comunitário, comércio e indústria) e representantes de ONG e OSC que operam na aldeia, líderes de denominações religiosas, criadores de gado, transformadores de produtos pecuários e comerciantes de gado. As responsabilidades do Comité de Desenvolvimento Pecuário da Aldeia serão semelhantes às do Comité de Desenvolvimento Pecuário da Ala.

7.4. Controlo e avaliação

O sistema de monitorização e avaliação (M&A) para o LSDS estará ligado ao quadro de M&A estabelecido no NSGRP, no PNL e nos sistemas de M&A de cada ministério setorial participante. A Direção de Planeamento e Política do MLFD não conduzirá uma M&A separada, mas cada intervenção terá os seus próprios indicadores de M&A para medir o desempenho e informará as unidades individuais através do NSGRP sobre questões relacionadas com as melhores práticas, encorajando a seleção de indicadores mais simples e mais acessíveis e assegurando a usabilidade dos resultados. A nível nacional, a Direção de Planeamento e Política do MLFD assegurará a conformidade com os indicadores do sistema nacional de monitorização da pobreza e, portanto, contribuirá para a harmonização e priorização dos indicadores do plano diretor de monitorização da pobreza. O quadro lógico na Tabela 9 mostra os indicadores que serão usados para monitorizar o progresso na implementação da LSDS.

7.5. Custos e benefícios indicativos da implementação da LSDS

A EDSL abrange nove áreas estratégicas que são consideradas as principais ÁREAS ESTRATÉGICAS para o desenvolvimento do sector pecuário. Um orçamento indicativo para cada ÁREA ESTRATÉGICA apresentado na tabela abaixo é derivado das estimativas dos custos de implementação das várias intervenções no âmbito de cada ÁREA ESTRATÉGICA durante um período de cinco anos (2011 - 2015). O orçamento indica os fundos que serão necessários para implementar a estratégia como um todo durante um período de cinco anos. A afetação orçamental entre o MLFD e outros ministérios e instituições chave dependerá dos papéis que cada um desempenhará na implementação da estratégia.

o da EDSL. O orçamento indicativo total é de 281 milhões de dólares americanos. O Programa de Desenvolvimento da Pecuária detalhado ao longo de cinco anos deve ser capaz de mostrar que haverá um retorno positivo dos investimentos nas áreas estratégicas elaboradas na EDSL e uma contribuição significativa para os objectivos globais da Visão 2025, MKUKUTA e ODM

1 e 2. Esperam-se os seguintes benefícios da implementação da EDSL durante o período de cinco anos (2011/2012-2015/2016):

(i) A mortalidade dos vitelos no sector tradicional diminuirá dos actuais 30-45% devido a TBD para menos de 10%;

(ii) A mortalidade entre as galinhas locais será reduzida do nível atual de mais de 60% para menos de 30%;

(iii) O consumo de gado do sector tradicional aumentará de 8-10% para 12-15%, levando a que a produção de carne aumente de 449.673 MT para 809.000 MT;

(iv) A criação comercial de gado no NARCO e nos ranchos satélites privatizados aumentará dos actuais 83.160 bovinos para 127.000 bovinos, com uma taxa de aprovisionamento de 22-23%, fornecendo cerca de 10.000 bois equivalentes a 1500 MT de carne de bovino por ano;

(v) O número de bovinos leiteiros melhorados aumentará de 605.000 bovinos mantidos por cerca de 150.000 famílias de agricultores através da inseminação anual de cerca de 100.000 doses para cerca de 985.000 bovinos mantidos por cerca de 300.000 agricultores;

(vi) O efetivo tradicional aumentará 3,5% por ano para 21,5 milhões;

(vii) O crescimento da produção de leite aumentará da atual taxa de 5-6% por ano para 7% por ano, atingindo 2,25 mil milhões de litros;

(viii) A produção de ovos aumentará 10% por ano, passando de 2,69 mil milhões de ovos para 4,7 mil milhões de ovos por ano;

(ix) A produção de couros e peles aumentará 12% por ano, passando de 5 milhões de peças no valor de 21 mil milhões de Tshs em 2007/08 para 9,8 milhões de peças no valor de cerca de 40 mil milhões

(x) O crescimento global do sector pecuário passará dos actuais 2,3% por ano para, pelo menos, 4,5% por ano;

(xi) A contribuição global do sector pecuário para o PIB aumentará de 4,0%, equivalente a 789 milhões de US

7.6. Domínios prioritários de ação imediata

Embora a plena implementação da LSDS seja feita após a elaboração de um programa e de planos abrangentes de desenvolvimento da pecuária, há áreas que são um pré-requisito para o desenvolvimento sustentável do sector da pecuária e que necessitam de atenção imediata. Estes incluem:

7.6.1 Área de Intervenção Estratégica 1: Questões relacionadas com a terra, a água e as pastagens

É necessária uma ação imediata para acelerar os esforços em curso para instituir o planeamento do uso da terra em todos os distritos ao nível da aldeia, especialmente nos distritos com conflitos de uso da terra entre pastores e agricultores. De particular importância é a necessidade de designar certos distritos e/ou regiões para produtos pecuários específicos, especialmente para a produção de carne e leite de ruminantes, com base nas condições agro-climáticas, nas infra-estruturas e oportunidades existentes, bem como nas tradições culturais.

7.6.2 Área de Intervenção Estratégica 2: Investimentos do Sector Público/Privado na Cadeia de Valor do Sector Pecuário

A fim de comercializar a produção pecuária, as estratégias e intervenções propostas no âmbito desta ÁREA ESTRATÉGICA devem merecer uma atenção imediata, especialmente no que se refere à melhoria dos serviços financeiros e aos incentivos favoráveis à participação do sector privado na produção, transformação e comercialização de gado e produtos animais.

7.6.3 Área de Intervenção Estratégica 4. Serviços de apoio ao desenvolvimento da pecuária

Os serviços de apoio delineados no âmbito desta ÁREA ESTRATÉGICA são importantes motores de mudança e desenvolvimento, especialmente para a maioria dos pequenos criadores de gado. São necessários serviços de extensão adequados, formação, investigação e intervenções de capacitação dos agricultores para que surjam as inovações tecnológicas que são necessárias para transformar o sector pecuário de modo a torná-lo comercializado e ambientalmente sustentável. Estes esforços têm de ser apoiados por uma prestação contínua e sustentada de serviços veterinários, vigilância das doenças, preparação e medidas de controlo adequadas.

CAPÍTULO 8

REFERÊNCIAS

AEA (2005) Relatório sobre a economia da Etiópia. Adis Abeba, Etiópia

Banco de Desenvolvimento da Etiópia. Relatórios anuais, 1998, 2000 e 2001. Addis Abeba, Etiópia A short guide to access EBE's loans, Banco de Desenvolvimento da Etiópia

FAO, Adis Abeba Steve Ashley & Willian Nanyeenya (2002). More than income: Propoor livestock development policy in Uganda (projeto). Documento de trabalho Ladder No.8 Laws: FDRE Proclamação sobre administração e utilização de terras rurais (N.º 456/2005) Proclamação sobre investimento (N.º 37/1996) Proclamação sobre investimento (N.º 280/2002) Proclamação sobre investimento (alterada) (N.º 373/2003) Proclamação sobre registo comercial e licenciamento de empresas (N.º 67/1997) Regulamento do Conselho de Ministros (N.º 13/1997)

FDRE (Parlamento) 1995. Constituição da República Federal Democrática da Etiópia. The federal negarit gazeta, Adis Abeba, Etiópia

Governo Federal da FDRE (2002). *Estratégia de Desenvolvimento Industrial*, Ministério da Informação, Adis Abeba, Etiópia

Governo Federal da FDRE (2002). *Estratégia e programas de reforço das capacidades*. Ministério da Informação, Adis Abeba, Etiópia

FDRE (2003). The New Coalition for Food security in Ethiopia (A Nova Coligação para a Segurança Alimentar na Etiópia): Programa de Segurança Alimentar. Vol I. Adis Abeba Ministério da Agricultura (2002). Projeto de política e estratégia para a pecuária no projeto de política agrícola (versão amárica). Adis Abeba, Etiópia

Governo Federal da FDRE (abril de 2003). *Rural Development Policy and Strategies* (editado pelo MoFED). Addis Abeba, Etiópia

Governo Federal da FDRE (2003). Política, estratégia e programas em matéria de negócios estrangeiros e segurança. Ministério da Informação, Adis Abeba, Etiópia

MoFED (2002). *Etiópia: Programa de Desenvolvimento Sustentável e de Redução da Pobreza* (SDPRP). Addis Abeba, Etiópia

MoFED (2005). *Ethiopia: Aproveitamento dos progressos: Um Plano de Desenvolvimento Acelerado e Sustentado para Acabar com a Pobreza* (PASDEP) para 2005/06 - 2009/10. Addis Abeba, Etiópia

MoARD (2005). Estratégia de comercialização agrícola, Addis Abeba. Historical Accounts of Livestock, Fishery and Animal health from 1923 to 1993 EC (Amharicversion). Ministério da Agricultura, 2002, Adis Abeba, Etiópia

Yilma Jobre (2004). Projeto de investimento financiável para a exportação de animais vivos e de carne da Etiópia, proclamação de estabelecimento da Autoridade de Qualidade e Normas da Etiópia (n.º 102/1998), proclamação n.º 79/1997 da Organização Agrícola da Etiópia, proclamação n.º 267/2002 relativa à prevenção e controlo de doenças animais

Printed by Books on Demand GmbH, Norderstedt / Germany